秒懂
移动办公
应用技巧

博蓄诚品 编著

全国百佳图书出版单位

化学工业出版社

·北 京·

内容简介

本书以"图解"的形式分别对手机端常用的办公工具的应用技能进行了讲解。

全书共8章，分别介绍了手机端日常办公文件的处理操作；手机端文件的共享与协作；手机端图像、视频的日常处理；手机端思维导图的处理；企业微信办公平台的日常操作。书中重难点一目了然，案例安排贴近实际需求，引导读者边学习—边思考—边实践，让读者不仅知其然，更知其所以然。

本书采用全彩印刷，版式轻松，语言通俗易懂，配套了二维码视频讲解，学习起来更高效更便捷。同时，本书附赠了丰富的学习资源，为读者提供了高质量的学习服务。

本书非常适合有移动办公需求、想提高办公效率的职场人士阅读，也适合在校师生使用，还可作为相关培训机构的教材及参考书。

图书在版编目(CIP)数据

秒懂移动办公应用技巧 / 博蓄诚品编著.—北京：化学工业出版社，2023.6
ISBN 978-7-122-42708-3

Ⅰ.①秒 … Ⅱ.①博 … Ⅲ.①办公自动化-应用软件
Ⅳ.① TP317.1

中国国家版本馆CIP数据核字（2023）第022663号

责任编辑：耍利娜　　　　　　　　　　　文字编辑：师明远　林　丹
责任校对：宋　玮　　　　　　　　　　　装帧设计：尹琳琳

出版发行：化学工业出版社（北京市东城区青年湖南街13号　邮政编码100011）
印　　装：河北京平诚乾印刷有限公司
880mm×1230mm　1/32　印张6¼　字数171千字　2023年7月北京第1版第1次印刷

购书咨询：010-64518888　　　　　　　售后服务：010-64518899
网　址：http://www.cip.com.cn
凡购买本书，如有缺损质量问题，本社销售中心负责调换。

定　价：59.80元

　　在网络技术日益发达的今天，大多数企业已由传统的办公模式逐步转变为全新的办公模式，即移动办公。办公人员可以摆脱时间和场所的局限，随时随地处理与业务相关的任何事务。由此一来，在手机端办公，并建立起与电脑互联互通的环节就显得尤为重要。本书将以此为目的，帮助读者用最短的时间学会并掌握手机办公的应用技能，从而提高工作效率。

　　本书摒弃了大而全的铺陈方式，而是选择在有限的篇幅内用最直观的方式对知识内容进行呈现，通过大量图示、引导线、重难点标识等引导读者轻松学习。

1.本书内容安排

　　本书先介绍了手机与电脑之间信息交互的方法，让读者了解并掌握手机办公的一些基本技能。然后在此基础上，对手机端的常用办公工具、图像处理工具、音视频处理工具、思维导图工具等的使用进行逐一讲解。

2.选择本书的理由

　　（1）版式灵活，以图代文

　　本书版式灵活自由，操作步骤清晰明确，以图解的方式取代长篇大论的文字说明，一图抵万言，学习起来更轻松。

（2）内容丰富，涵盖面广

本书的知识内容较为丰富，适合各个领域（如文员办公、企业管理、设计、影视后期等）的职场人士参考学习。无论你属于哪一领域，都可以从本书中收获到相应的知识。

（3）真实案例，实用性强

书中选取的案例均来源于职场，具有很强的实用性和代表性。读者在学完相应的案例后，能够将其用于职场，从而提升自己的办公技能。

3. 学习本书的方法

第1章是基础，在掌握了手机与电脑或其他设备之间的信息共享的前提下，再来学习各种手机端的办公操作，就会变得游刃有余了。读者在学习时，可以先从自己的行业领域入手，然后逐步扩大学习范围。

行政管理人员	销售人员	文案策划人员	教师、学生	设计人员
第2章	第3章	第2章	第4章	第4章
第3章	第8章	第3章	第5章	第5章
第4章		第4章	第6章	第6章
第8章			第7章	

4. 本书的读者对象

- ✓ 需要提高工作效率的办公人员；
- ✓ 刚毕业即将踏入职场的大学生；
- ✓ 大、中专院校以及培训机构的师生。

本书在编写过程中力求严谨细致，但由于时间与精力有限，疏漏之处在所难免，望广大读者批评指正。

编著者

目录
CONTENTS

第1章 让信息联动游刃自如

第2章 文档处理尽在掌握之中

第 3 章　方寸之间搞定数据处理

第 4 章 文案演示玩转于掌心中

第 5 章　手机修图各显其能

第 6 章　手机短视频轻松做

第 7 章 快速记录有方法

第 8 章 一站式体验掌上办公

第 1 章

让信息联动
游刃自如

手机已成为人们日常生活中的必
需品，现在的手机不仅能满足
人们的消遣娱乐，而且在工作中
也担当了重要的角色。例如，在
线办公，无论身处何地，只需一
部手机，就可以快速解决工作中
的一些棘手问题。本章将向读者
介绍手机与电脑间的信息共享与
联动。

1.1　在手机中传输文件

利用手机来传输文件可以方便人们在没有电脑的情况下，能够及时地处理工作。下面将介绍手机传输并查看文件的几种方法。

1.1.1　本地电脑与手机互传文件

当需要将自己电脑中重要的文件备份至手机中，以便随时查看或处理时，可通过以下方法来操作（以小米手机为例）。

先在手机端和电脑端同时登录自己的QQ账号，然后在电脑端QQ界面中找到"我的设备"→"我的Android手机"选项，打开相应的聊天界面，如图1-1所示。

图1-1

将所需文件直接拖拽至聊天界面中即可发送。此时，手机端QQ就会接收到相关信息。单击该文件即可查看，如图1-2所示。

图1-2

如果要将手机中的文件传送到电脑中，只需在手机QQ界面中找到"我的电脑"联系人，打开聊天界面，单击下方文件夹图标，在打开的界面中选择要发送的文件，单击"发送"按钮即可，如图1-3所示。此时，在电脑端就会弹出QQ接收界面，单击文件右下角 ☰ 按钮，在列表中选择"另存为"选项，可将该文件保存至电脑中，如图1-4所示。

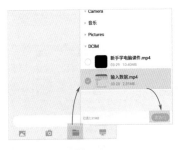

图1-3

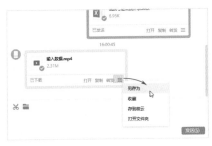

图1-4

（！）注意事项：

对于图片和视频文件来说，利用这种形式传送后，文件会被压缩，图片和视频的质量会受到影响。如果对质量要求比较高，则不建议使用该方法。

与QQ相同，微信也有类似的文件传送方法。同样，在电脑端和手机端同时登录微信账号，找到"文件传输助手"联系人并打开，将文件拖至该界面即可，如图1-5所示。以相似的方法可在微信手机端进行操作，如图1-6所示。

图1-5

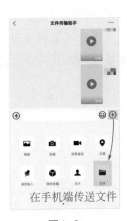

图1-6

1.1.2 手机端与好友互传文件

下面简单介绍一下如何在手机端接收他人发送的文件并查看。

发送和接收文件无非是通过QQ或微信来操作。无论是QQ还是微信，先找到好友发送的消息，并打开聊天界面，单击所需文件即可下载并查看该文件，如图1-7所示。

图1-7

如果需要对文件进行编辑，只需在文件浏览界面中单击右上角 ■■■ 按钮，在打开的列表中选择"其他应用"选项，并选择可编辑文件的应用软件即可，如图1-8所示。

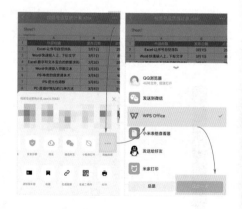

图1-8

(!) 注意事项：

在手机上接收的文件，系统会以手机默认的程序来打开该文件，此时的文件只能浏览，不能编辑，若要编辑，需选择相关的App。

QQ或微信在有网络的情况下才能传输。如果所在地无网络，该如何传输文件呢？这时候手机蓝牙功能就派上用场了。

将自己和好友的手机同时开启蓝牙功能，并在手机上选择要传输的文件，在屏幕下方单击"发送"按钮，选择传输工具，这里选择"蓝牙"工具，如图1-9所示。在"选择蓝牙设备"列表中选择好友的蓝牙设备，如图1-10所示。

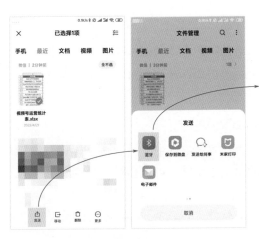

图1-9　　　　　　　　　　　图1-10

此时，在好友手机上会接收到用蓝牙发送的信息，询问是否接受文件的传入。单击"接受"按钮即可，如图1-11所示。

(!) 注意事项：

　　使用蓝牙功能时，对方要在自己附近，且距离不超过10米。如超过该距离，或不在同一区域，则无法使用蓝牙。

除以上两种传输方法外，用户还可以使用其他传输工具，例如无线路由器、各类网盘、电子邮箱等。当遇到大文件传输时，可利用这些工具来操作。

图1-11

1.2 典型的多人协作办公工具

在日常工作中，经常会遇到多人协作完成一组项目的情况，如果没有合理的规划，后期会有不少麻烦。灵活使用各类办公协作工具，工作效率会有所提升。本小节将介绍两款协作办公工具的使用方法。

1.2.1 WPS Office办公工具

WPS Office这款软件除了有WPS文字、WPS表格、WPS演示等常用办公组件外，还提供了云文档功能，该功能可在多个设备中查看和编辑文档，同时可将文档分享或邀请他人共同编辑，并能够实时查看在线文档的编辑状态。

（1）多台设备同步编辑文档

以前，所有文档只能保存在本地电脑中，一旦离开电脑，文档就无法被调取。而WPS Office的云文档功能，可以很好地避免该问题，让用户随时随地都能调取并编辑文档。

在电脑端打开WPS Office软件，并登录。将所需文档保存至"云文档"中，如图1-12所示。

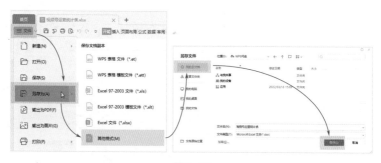

图1-12

关闭电脑端WPS Office软件。在手机端打开WPS Office App，并登录同一账号。在屏幕下方工具栏中单击"云文档"按钮，进入界面后即可看到刚保存的文档。此时用户可打开文档继续编辑，如图1-13所示。保存文档后，该文档会同步更新。当下次使用电脑端打开时，则会以文档最新版显示，如图1-14所示。

图1-13

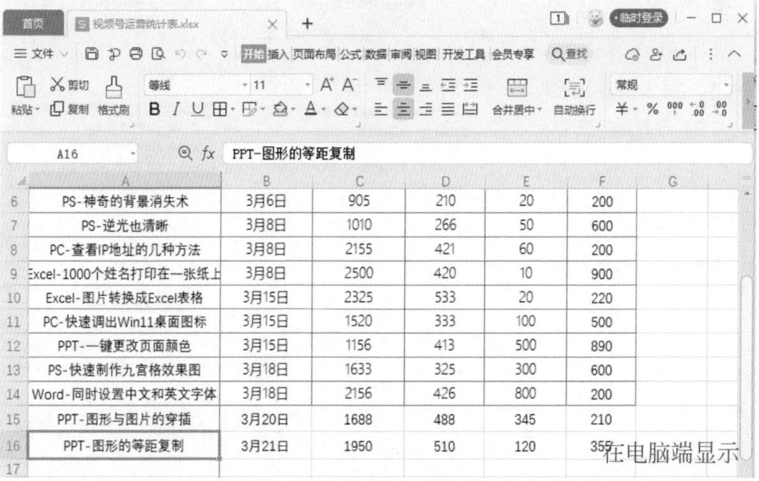

图1-14

（2）多人实时编辑文档

如需将文档共享给其他人并进行协同办公时，可先选择好所需文档，单击文档右侧：按钮，在打开的列表中选择"多人编辑"选项，进入"多人编辑"设置界面，开启"默认以多人编辑方式打开"功能，并邀请好友协同编辑，如图1-15所示。

图1-15

好友接受邀请后，便可进入文档编辑界面，在此对文档进行编辑。编辑后的内容会实时更新，所有协同人员都可以看到最终更新结果，如图1-16所示。

图1-16

知识链接：

在"多人编辑"界面中，用户除了可以邀请好友协同编辑外，还可以设置文档分享链接的时间，默认有效期为7天。单击"设置"按钮，可对该时间进行设定。

1.2.2　腾讯文档工具

　　腾讯文档是一款可多人同时编辑的在线文档工具，与 WPS Office 类似，同样可支持多台设备随时随地查看和修改文档，编辑文档后实时在云端保存，离线时也可编辑。下面将以创建幼儿疫苗接种情况统计表为例，来介绍该工具的基本操作。

　　登录手机QQ，单击左上角头像，在主页界面中选择"我的文件"选项，在打开的界面中单击"腾讯文档"按钮，进入腾讯文档欢迎界面，单击"开始使用"按钮，可启动腾讯文档功能，如图1-17所示。

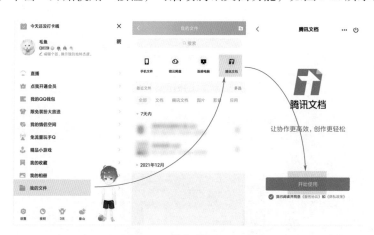

图1-17

　　在打开的创建文档界面中单击屏幕下方"+"按钮，选择要创建文档的类型，这里选择"在线表格"类型，如图1-18所示。随即系统会创建一张表格，用户可在此录入表格内容。录入好后，单击表格右上方按钮，如图1-19所示，打开"分享"界面，

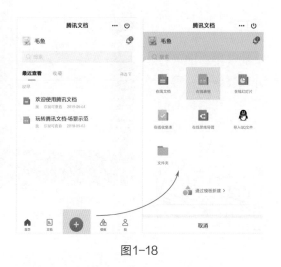

图1-18

选择"所有人可编辑"选项，并选择分享方式，这里选择"QQ好友"，如图1-20所示。

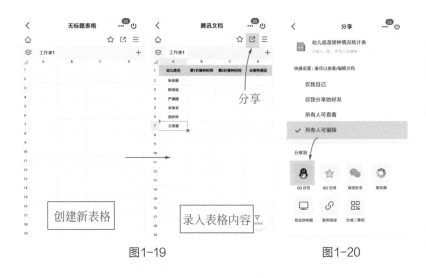

图1-19 创建新表格 录入表格内容

图1-20

在"选择好友"界面中选择要分享的好友或群，单击"发送"按钮，将该表格共享，如图1-21所示。好友单击分享的链接，即可打开该表格，并进行编辑。在编辑的同时，系统会实时保存编辑内容。其他好友也能够实时查看到表格的编辑状态，如图1-22所示。

图1-21

实时查看编辑状态

图1-22

当表格内容编辑完成后，可单击表格右上角≡按钮，在打开的列表中选择"导出为Excel"选项，可将线上表格转换为Excel表格保存；选择"发送到电脑"选项，可将表格发送至电脑中，如图1-23所示。

图1-23

1.3 网盘工具的常规使用

网盘又称网络U盘、网络硬盘。网盘向用户提供文件的存储、共享、访问、备份等文档管理功能。常用的网盘工具有很多种，例如百度网盘、坚果云、腾讯微云等。本小节以百度网盘为例，来介绍网盘工具的使用方法。

1.3.1 文件的上传、共享和下载

当要分享某大文件时，用户可将该文件存放于网盘中。这样既避免了文件占用电脑存储空间，又给其他人下载文件提供了方便。

（1）上传文件

手机登录百度网盘App，进入网盘首页，单击屏幕下方"文件"按钮，在"分类"界面中选择好保存的路径，这里选择上传至"我的资源"文件夹中，如图1-24所示。

图1-24

单击屏幕右下角"+"按钮，在打开的列表中根据需要选择上传文件类型，这里选择"上传其他文件"。在"选择文件"界面中找到需上传的文件，单击"上传"按钮，即可将该文件上传至指定的路径中，如图1-25所示。

图1-25

（2）共享文件

如需共享某文件，可先选中该文件，在屏幕下方单击"分享"按钮，在打开的列表中单击"有效期"右侧"30天"按钮，可设定分享期限。单击"复制链接"按钮，将链接复制并分享至目标好友，如图1-26所示。

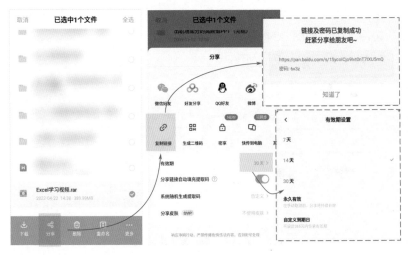

图1-26

（3）下载文件

当好友接收到分享的链接后，单击该链接，随即跳转至"资源分享"界面，选择分享的文件，单击"保存"按钮，将文件保存至自己的网盘中，如图1-27所示。

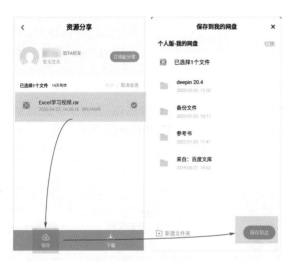

图1-27

保存好后，选择保存好的文件，单击屏幕下方的"下载"按钮即可下载该文件，如图1-28所示。

图1-28

（!）注意事项:

　　在下载文件时，如果文件是压缩包的形式，用户可先下载，再进行解压缩。只有会员才可以在线解压。

1.3.2　网盘中的实用小工具

　　百度网盘除了文件的存储、共享和下载之外，还有几个较实用的小工具，例如手机备份、文件收集等。下面将对这两种工具进行简单介绍。

（1）手机备份

　　手机备份工具可以将手机中的数据有选择地进行备份，例如相册、文档、通讯录等。在首页界面中单击"手机备份"按钮，随即跳转至相关界面。在此，根据需要开启数据文件备份功能即可，如图1-29所示。

图1-29

　　备份完成后，单击"查看进度"按钮，可打开"传输列表"界面，在此可查看备份信息，如图1-30所示。

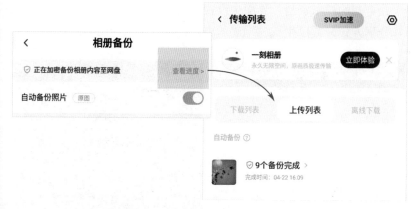

图1-30

（2）文件收集

当需要收集大量文件资料时，用户可使用该工具，动员好友帮助自己收集，这样效率要高很多。

在"首页"中单击"全部工具"按钮，在打开的相关界面中单击"收集文件"按钮，根据需要选择收集选项，这里选择"向好友求资料"选项，如图1-31所示。

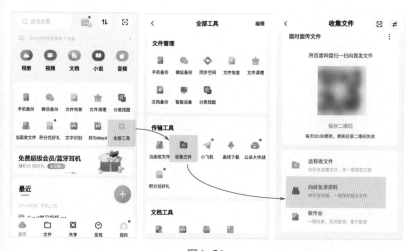

图1-31

在打开的"求资料"界面中设置好文件名称、有效期限和人数，选择好分享方式，或以生成二维码的方式进行分享，如图1-32所示。

图1-32

扫码观看
本章视频

第2章

文档处理尽在掌握之中

现如今，为了追求便捷、高效的办公方式，移动办公的使用越来越普遍，比如用户使用手机WPS Office同样可以处理文档内容，或者制作各种类型的文档。本章将对文档的编辑、图片的插入、表格的插入、文档的审核/修订、文档的输出与保存等进行介绍。

2.1 对现有文档进行修改编辑

使用手机WPS Office打开文档后，可以按照需要对文档进行修改和编辑，下面将介绍相关操作技巧。

2.1.1 开启文档编辑模式

启动WPS Office App后，需要先打开并启动文档编辑模式，才可以正常编辑文档，否则文档将处于阅读模式，无法编辑。在首页界面中单击右上角"打开"按钮，在"打开"界面中通过指定的文件路径打开文档，如图2-1所示。

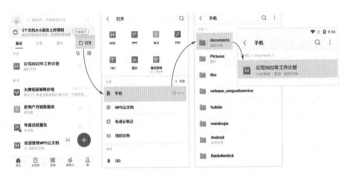

图2-1

单击文档，随即进入阅读模式，此时用户只能浏览，不能对内容进行修改。单击界面左上角"编辑"按钮，可进入编辑模式，如图2-2所示。

(!) 注意事项：

无论是文档、表格还是演示文稿，只要是利用该App进行修改，都需要先将文档转换成编辑模式。

图2-2

2.1.2 选取并调整文本格式

打开文档后，如果要对文档的格式进行调整，就需要先选择文本内容。在所需文字上双击，即可选中该文字所在的整句内容，如图2-3所示。拖动文字两侧任意一个选择手柄，可调整选取区域，如图2-4所示。

图2-3   图2-4

将选择手柄放置于文本任意处并单击，在打开的快捷工具栏中选择"全选"选项，可快速选中当前文本内容，如图2-5所示。

选择好文本后，即可对其格式进行设置。例如设置文本字体、字号、颜色、对齐方式等。

选择标题内容，单击下方工具栏中的"工具"按钮，打开设置面板，在"开始"选项卡中，单击"字体格式"右侧"…"按钮，在打开的"字体"列表中进行选择，如图2-6所示。

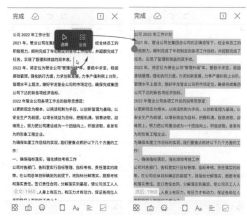

图2-5

> ⊙ **注意事项：**
>
> "字体"列表中所有带"＊"的字体在手机中可能无法正常显示，但将该文档在电脑端显示时，其字体是可正常显示的。

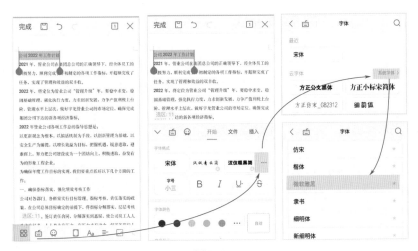

图2-6

返回"开始"选项卡，单击"字号"按钮，选择好字号。在"字体颜色"列表中选择一款满意的字体颜色，这里设为"自动"。单击"B"按钮，加粗字体，如图2-7所示。

图2-7

在"开始"选项卡中，向上滑动屏幕，在对齐选项列表中，单击"☰"按钮，将标题居中对齐，如图2-8所示。

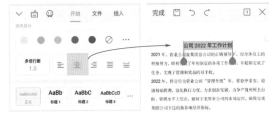

图2-8

2.1.3 快速复制文本格式

要批量复制文本格式，通常会使用格式刷功能来操作。在手机 WPS Office 中也可通过该命令来实现格式的复制。

打开文档，选中第三段文本内容，设为加粗显示，如图2-9所示。双击该文本，在快捷工具栏中选择"格式刷"→"复制格式"选项，启动格式刷功能，如图2-10所示。

图2-9

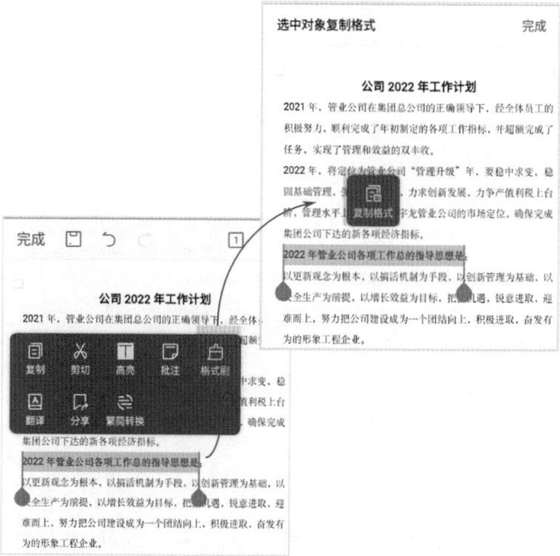

图2-10

选择目标文本，单击"粘贴格式"选项，此时被选文本将应用复制的格式，如图2-11所示。继续选择其他文本，并粘贴格式，直到完成所有格式复制操作，单击屏幕上方"完成"按钮，即可退出格式刷操作，如图2-12所示。

图2-11

图2-12

2.1.4　设置段落基本格式

手机WPS Office除了可以对文本格式进行设置外，还可以对整个段落布局进行设置，例如设置首行缩进、设置段前段后值等。

选择文档所有内容（除标题外），单击下方工具栏中的"工具" 按钮，打开设置面板，并向上滑动屏幕，在"开始"选项卡中选择"智能排版"按钮，选择"首行缩进"选项即可批量设置段落首行缩进，如图2-13所示。

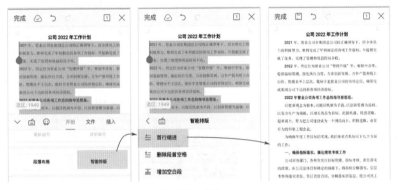

图2-13

选择标题内容，在"开始"选项卡中单击"段落布局"按钮，进入设置模式。拖动标题下方三角按钮至合适位置，可手动调整标题段后间距值，如图2-14所示。

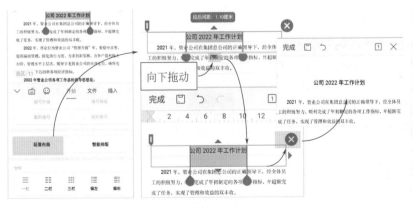

图2-14

2.1.5 为文档添加编号

为了使文档内容看起来更加有条理，用户可以为文档内容添加编号或项目符号，如图2-15所示。

选择段落内容，打开设置面板，在"开始"选项卡中选择所需的编号样式即可，如图2-16所示。

单击"…"按钮，在"项目符号"面板中可根据需要选择其他编号样式，如图2-17所示。

知识链接：

项目符号与编号的添加方法相同。在"开始"选项卡中选择一款符号样式即可。如果想要取消编号或项目符号的添加，可选中文本，并在设置面板中选择"☑"选项。

图2-15

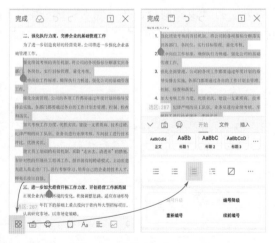

图2-16

图2-17

2.1.6　为文档添加页眉和页码

在手机WPS Office中为文档添加页眉和页码也很方便，设置效果如图2-18所示。

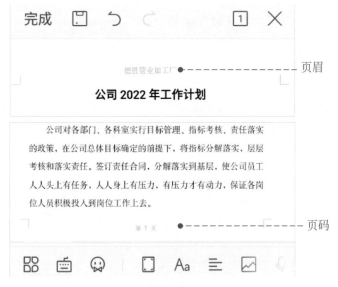

图2-18

将光标放置于文档任意处，打开设置面板，在"插入"选项卡中选择"页眉页脚"选项，进入页眉编辑状态，输入页眉内容即可，如图2-19所示。

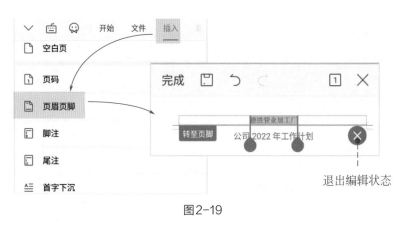

图2-19

在"插入"选项卡中选择"页码"选项，打开"页码"对话框，设置好页码的格式，单击"确定"按钮，如图2-20所示。

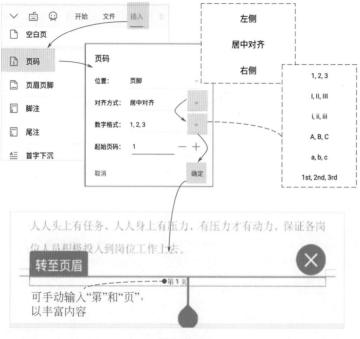

图2-20

知识链接：

如果想要对页眉和页码的格式进行设置，只需将其选中，在设置面板中"字体格式"选项中设置即可，如图2-21所示。

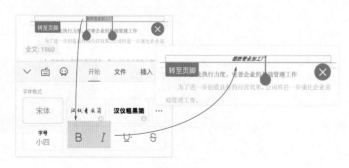

图2-21

2.2　在文档中插入图片

图片不仅起到强调内容的作用，还起到修饰美化文档的作用，可提高文档的阅读体验。本小节将向用户介绍如何在手机端对文档中的图片进行基本操作。

2.2.1　插入图片的方法

在电脑端插入图片的方法有很多，而在手机端插入图片则有一定的局限性，用户可使用以下方法。

在文档中指定好插入点，单击下方"⊞"按钮，打开设置面板。选择"插入"选项卡，并选择"图片"选项，在打开的"插入图片"界面中选择所需图片即可，如图2-22所示。

图2-22

图片插入后，拖动图片四周控制点，可调整图片的大小，如图2-23所示。

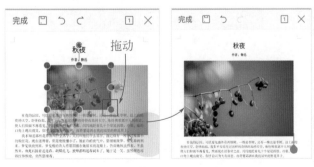

图2-23

2.2.2　对图片进行裁剪和排版

有时插入的图片大小不合适，用户可使用裁剪功能，对其进行裁剪操作。选中要裁剪的图片，在下方快捷工具栏中选择"裁剪"选项，图片进入裁剪状态，拖拽裁剪点，调整好裁剪区域，单击空白处即可完成裁剪操作，如图2-24所示。

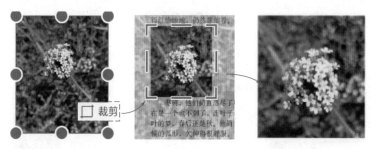

图2-24

默认情况下，图片是以嵌入的方式插入的，为了使文档版式变得美观，用户可更改其排列方式。

选中图片，在快捷工具栏中选择"绕排"选项，在打开的设置面板中选择合适的排列方式即可，如图2-25所示。

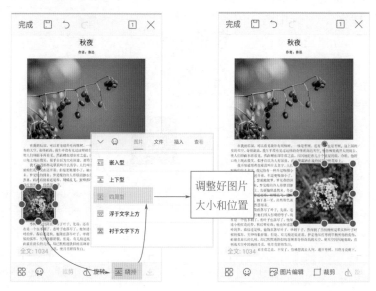

图2-25

2.2.3 更换并保存文档图片

如果更换文档中的图片，只需单击图片两次，打开悬浮编辑栏，选择"更换图片"选项，在"插入图片"界面中选择要更换的图片即可，如图2-26所示。

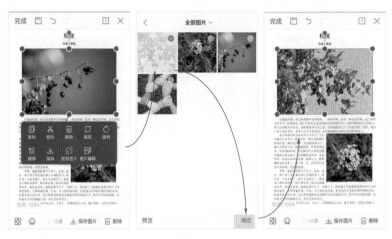

图2-26

要想将文档中的图片进行保存，可选中图片，在下方快捷工具栏中选择"保存图片"选项，系统会默认将图片保存在手机相册中，如图2-27所示。

图2-27

🎞 知识链接：

想要删除文档中的图片，只需将其选中，在快捷工具栏中选择"删除"选项（如图2-28所示），即可删除被选中的图片。

⚃ 😀 ☰ 绕排 ⤓ 保存图片 🗑 删除

图2-28

2.3 在文档中插入表格

在手机端 WPS 文字中插入表格也十分简单。下面将向用户介绍手机端 WPS 文字中表格功能的基本应用。

2.3.1 插入表格的方法

打开文档，定位好插入点。单击"工具"⌗按钮，打开设置面板。在"插入"选项卡中选择"表格"选项，在打开的设置界面中设置好表格的行数和列数，单击"确定"按钮即可插入表格，如图 2-29 所示。

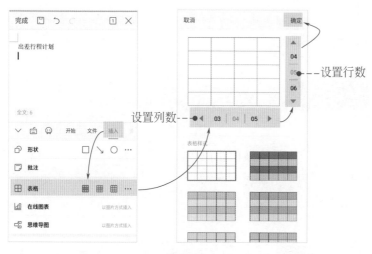

图2-29

在表格中单击所需单元格，或使用方向键指定单元格来输入内容。输入后单击页面空白处以完成，如图 2-30 所示。

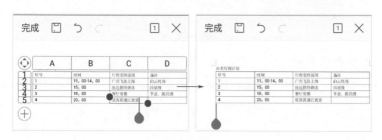

图2-30

2.3.2 调整表格结构

插入表格后，经常需要对表格的结构进行调整，例如插入与删除行和列、调整行高和列宽、合并与拆分单元格、设置文本对齐方式等。

（1）插入行和列

如需在表格第2行上方插入空白行，可选中第2行，在浮动工具栏中选择"插入行"选项即可，如图2-31所示。

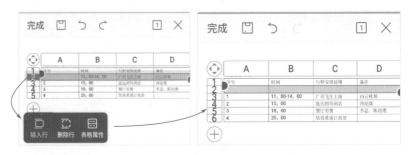

图2-31

插入列与插入行的操作相似。选中所需列，在浮动工具栏中选择"插入列"选项即可在被选列左侧插入空白列，如图2-32所示。

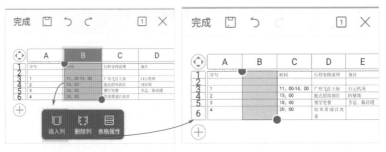

图2-32

单击表格下方"⊕"按钮，可在表格下方添加空白行。同样，单击表格右侧"⊕"按钮，可在表格最右侧添加空白列，如图2-33所示。

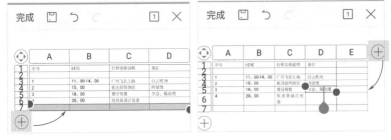

图2-33

（2）删除行和列

选择要删除的行或列，在浮动工具栏中选择"删除行"或"删除列"选项即可删除被选行或列，如图2-34所示。

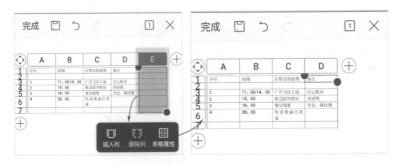

图2-34

（3）调整行高和列宽

如需调整表格的行高和列宽，只需选中要调整的行或列的分隔线，拖动分隔线至合适位置处即可，如图2-35所示。

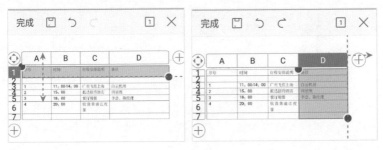

图2-35

（4）合并与拆分单元格

如果需要将多个单元格进行合并，那么选中要合并的单元格，在浮动工具栏中选择"合并"选项即可，如图2-36所示。

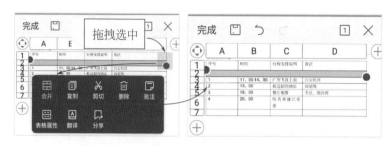

图2-36

要将1个单元格拆分成多个单元格，可选中该单元格，在浮动工具栏中选择"拆分"选项，在打开的设置界面中，调整好行数和列数，单击"确定"按钮即可，如图2-37所示。

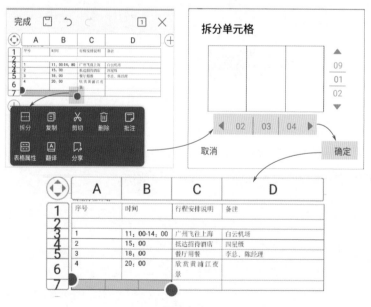

图2-37

（5）对齐表格文本

单击表格左上角"⊙"按钮全选表格，在下方快捷工具栏中单击"≡"按钮，将表格中的文字居中对齐，如图2-38所示。

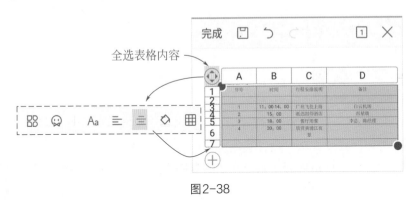

图2-38

2.3.3 对表格进行简单美化

表格制作好后，用户可对其稍加美化，使页面变得美观，提高阅读性，如图2-39所示。

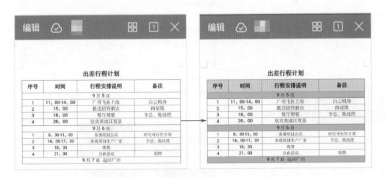

图2-39

打开表格文件，选中表格首行内容，在浮动工具栏中选择"表格属性"选项，在"表格属性"设置界面中选择"底纹"选项卡，并选择一款底纹颜色，其他保持默认，单击"确定"按钮，完成首行底纹的设置，如图2-40所示。

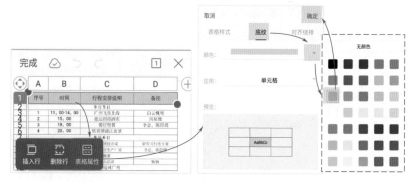

图2-40

按照同样的方法，设置其他所需行的底纹颜色。

此外，用户也可使用系统预设的表格样式来快速美化表格。全选表格，打开"表格属性"设置界面，在"表格样式"选项列表中勾选要填充的表格区域，然后在"预览"列表中选择一款填充颜色，即可完成表格的快速美化操作，如图2-41所示。

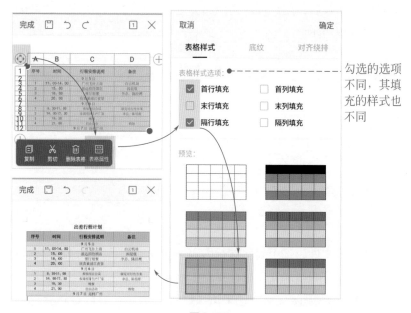

图2-41

如果想清除表格样式，在"表格样式"界面中选择无样式选项，单击"确定"按钮即可，如图2-42所示。

(👾) 知识链接：

在"表格样式"界面中单击"对齐绕排"选项卡，用户可对表格的"对齐方式"和"绕排方式"进行设置。对齐方式指的是表格在文档中的对齐方式，默认为居中对齐，如图2-43所示。

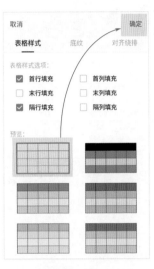

图2-42　　　　　　　　　　图2-43

2.4　对文档进行审核修订

当接收到文档后，用户可利用手机进行快速查看。同时，也可对文档内容进行必要的修订操作。本小节将介绍手机端WPS文字中修订功能的基本操作。

2.4.1　设置文档查看方式

默认情况下，文档是以100%比例显示的，用户可根据需要对文档进行放大显示。单击屏幕下方快捷工具栏中的"适应手机"按钮，可将文档自动适应当前手机屏幕大小显示，如图2-44所示。

图2-44

单击"工具" ⊞ 按钮，打开设置面板，选择"查看"选项卡，选择"字数统计"选项，系统可对当前文档中的字符数进行统计，让用户一目了然，如图2-45所示。

图2-45

返回上一层界面，向上滑动屏幕，选择"缩略图"选项，可打开文档缩略图。选择任意一张缩略图，屏幕会自动跳转到相应的文档页面，如图2-46所示。

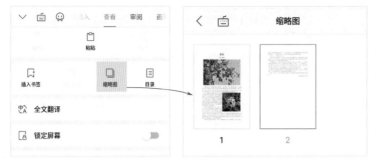

图2-46

返回上一层界面，继续向上滑动屏幕，选择"页面设置"选项，可打开"页面设置"界面。在此，用户可以查看当前文档的页面布局，如需调整，可对其参数进行设置，如图2-47所示。

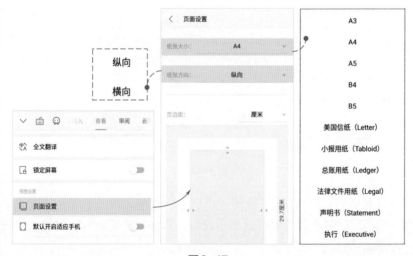

图2-47

(知识链接：

在"查看"选项卡中选择"插入书签"选项，可在当前光标所在位置添加书签。当下次打开该文档时，可在"查看"选项卡中选择"所有书签"选项，选择所需书签项即可快速定位至相关内容。

2.4.2 对文本进行查找替换

如果需要对文档中某一组字词进行批量修改，可使用查找替换功能来操作。例如，将文档中的"2020"统一更改为"2021"，可通过以下方法实现。

单击"工具"按钮，打开设置面板，在"查看"选项卡中选择"查找替换"选项，进入"查找"设置界面。在屏幕上方输入"2020"，切换到"替换"设置界面，在"替换内容"中输入"2021"，如图2-48所示。

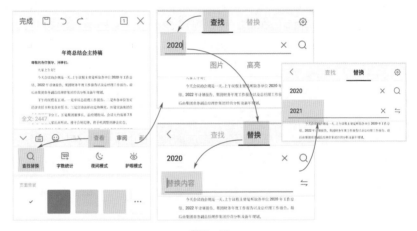

图2-48

设置好后，单击"↹"按钮，在打开的浮动工具栏中选择"替换全部"选项进行替换操作并打开提示窗口，告知已完成的替换数量，如图2-49所示。

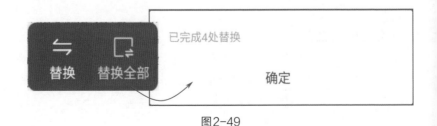

图2-49

返回文档，此时所有"2020"已统一替换为"2021"，如图2-50所示。

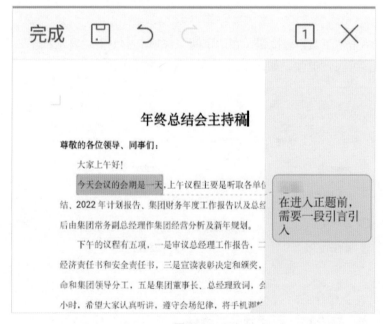

图2-50

2.4.3 为文档添加批注

在查阅文档时，如对文档某一处存有异议，可在文档中添加批注，以方便作者核实，如图2-51所示。

图2-51

选择所需文档内容，在浮动工具栏中选择"批注"选项，进入批注模式界面。输入好批注内容即可完成添加批注操作，如图2-52所示。

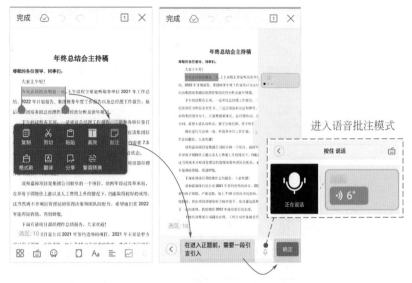

图2-52

单击"工具" 按钮，在"审阅"选项卡中单击"显示批注"右侧按钮，可隐藏批注，如图2-53所示，默认为开启状态。

图2-53

2.4.4 开启修订模式并修订文档

想要在手机端WPS文字中实现文档修订功能也很简单，其操作与电脑端相似，如图2-54所示。

单击"工具" 按钮选择"审阅"选项卡，单击"进入修订模式"

右侧按钮，开启修订模式，如图2-55所示。

　　指定好光标位置，输入修订内容，所有修订记录都会显示在文档右侧批注栏中，如图2-56所示。

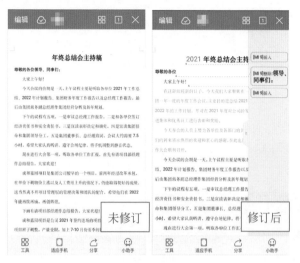

图2-54

图2-55

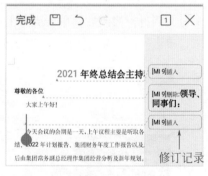

图2-56

　　将修订后的文档发送给作者。作者打开该文档后，可在"审阅"选项卡中根据需要选择"接受所有修订"或"拒绝所有修订"选项来处理修订内容。如图2-57所示的是"接受所有修订"效果。

图2-57

2.5 将文档保存并分享

文档修改完后，经常需要将其保存为各类文档格式，以方便分享给其他人查看浏览。本小节将对文档保存与分享的操作进行介绍。

2.5.1 保存并另存为文档

对文档进行修改后，单击屏幕上方"完成"按钮，返回到文档阅读模式，单击"回"按钮保存当前的修改，如图2-58所示。

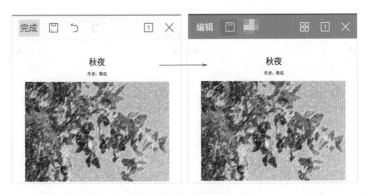

图2-58

如想保留原始文档，可对文档进行另存为操作。单击屏幕下方"工具"品按钮，打开设置面板，在"文件"选项卡中选择"另存为"选项，设置好保存路径以及文件名，单击"保存"按钮即可，如图2-59所示。

图2-59

2.5.2 对当前文档进行加密

对于一些重要的文档，用户可在保存时对其进行加密操作。用户可以通过以下两种方法来实现。

在对文档进行另存为时，单击"加密"按钮，打开"添加密码"窗口，在此设置好密码，单击"确定"按钮，如图2-60所示，返回到保存界面，单击"保存"按钮即可。当下次打开该文档时，系统会打开"解密"窗口，输入正确的密码后，单击"确定"按钮可打开文档，如图2-61所示。

图2-60

图2-61

此外，用户还可在"文件"选项卡单击"加密文档"右侧按钮，开启加密功能，并在打开的"添加密码"窗口中设置密码，如图2-62所示。若想取消加密保护，将"加密文档"功能关闭即可删除添加的密码，如图2-63所示。

图2-62   图2-63

2.5.3 将文档输出为PDF格式

想要将文档转换成PDF格式，可在"文件"选项卡中进行操作。

单击"工具" 按钮，在"文件"选项卡中选择"输出为PDF"选项，在打开的设置窗口中选择"原文"选项，并单击"输出为PDF"按钮，设置好输出路径及文件名，再次单击"输出为PDF"按钮即可，如图2-64所示。

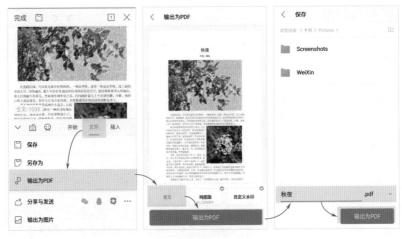

图2-64

　　输出完成后，单击
"立即查看"按钮，可查看
输出结果，如图2-65所示。

🎞 **知识链接：**

　　在手机端WPS文字中，用
户也可将文档输出为图片。在
"文件"选项卡中选择"输出
为图片"选项，在打开的设置
窗口中按照操作向导进行选择
即可。但需说明一点，输出的
图片自带水印。

图2-65

2.5.4 分享并发送电子文档

　　手机WPS Office的分享功能是比较智能的，它能够将做好的文档及
时分享给他人，操作起来非常方便。

　　将文档设为阅读模式，在屏幕下方快捷工具栏中单击"分享"按钮，
打开"分享与发送"设置界面。选择好分享方式，这里选择以QQ分享。
随后在"发送到QQ"界面中单击"发送QQ好友"按钮，如图2-66所示。

图2-66

在"发送给"设置界面中选择好友，单击"发送"按钮即可完成文档的分享操作，如图2-67所示。

图2-67

扫码观看
本章视频

第 3 章

方寸之间搞定数据处理

手机端WPS表格也很智能，它不仅可以查看各类数据表格，还可以对其进行简单的操作。例如数据的排序筛选、数据的简单计算、图表的创建与设置等。本章将向读者介绍手机端WPS表格的一些基本操作。

3.1 表格的基本操作

与手机端WPS文字相似，使用WPS表格查看表格内容时，先进入阅读模式，如需修改其数据，可单击屏幕上方"编辑"按钮进入编辑模式以进行修改。本小节将简单介绍一下表格的基本操作。

3.1.1 打开并查看表格文件

利用WPS表格打开表格文件，进入阅读模式，用户可滑动屏幕查看表格内容，如图3-1所示。选中A列，单击屏幕下方"工具"⊞按钮，在"查看"选项卡中选择"冻结窗格"→"首列"选项，可冻结A列内容，如图3-2所示。

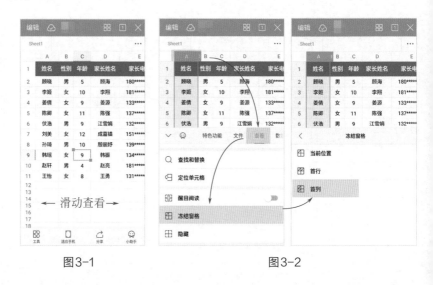

图3-1　　　　　　　　　　图3-2

当用户向左滑动屏幕时，A列将固定不动，以方便查看表格数据，如图3-3所示。

单击屏幕下方"适应手机"按钮，进入"适应手机"界面，系统会以卡片方式来显示每一列的数据。滑动屏幕可查看其他列的数据，如图3-4所示。

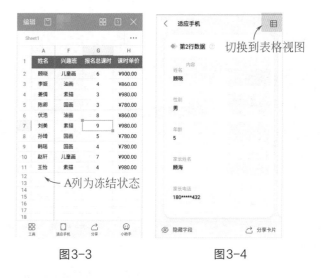

图3-3   图3-4

3.1.2 了解工作表的基本操作

在手机端WPS表格中，用户可根据需要对工作表进行新建、复制、隐藏、删除等操作。

（1）新建工作表

打开工作表，进入编辑模式，单击屏幕右上方"…"按钮，选择"添加"选项，可新建一张空白工作表，如图3-5所示。

（2）复制工作表

打开所需工作表，并单击工作表名称，在"工作表属性"设置面板中选择"复制工作表"选项，即可进行复制操作，如图3-6所示。

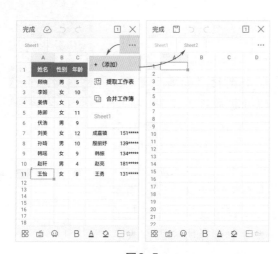

图3-5

单击复制的工作表名称，在"工作表属性"设置面板中可以对当前工作表重命名，如图3-7所示。

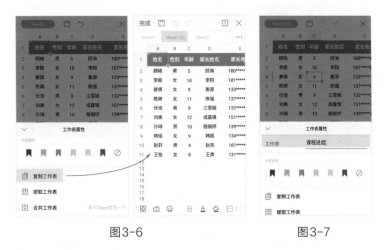

图3-6　　　　　　　　　　　　　图3-7

在"标签颜色"列表中选择一款合适的颜色，可更改当前工作表标签颜色，如图3-8所示。

（3）隐藏工作表

对于一些重要的数据表格，用户可以将这些表格进行隐藏。

单击所需工作表名称，在"工作表属性"设置面板中选择"隐藏"选项，即可隐藏该工作表，如图3-9所示。而想要取消隐藏，则单击任意工作表名称，在"工作表属性"设置面板中选择"取消隐藏工作表"选项，在打开的窗口中选择所需工作表名称即可，如图3-10所示。

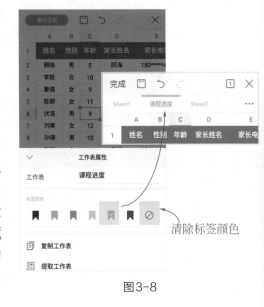

清除标签颜色

图3-8

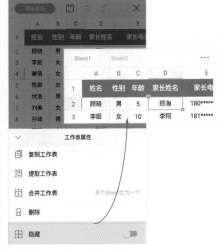

图3-9

图3-10

（4）删除工作表

如要删除多余的工作表，只需单击该工作表名称，在"工作表属性"设置面板中选择"删除"选项即可，如图3-11所示。

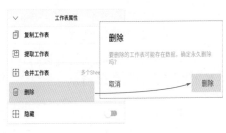

图3-11

3.1.3 调整表格的结构

如果需要对表格的结构进行调整，例如添加或删除行或列、调整行高和列宽等，那么就需进入表格编辑模式来操作了。

（1）添加或删除行或列

选中B列数据，在浮动工具栏中选择"插入列"选项，可在B列左侧添加一空白列，如图3-12所示。行的添加也是类似的操作，如图3-13所示。

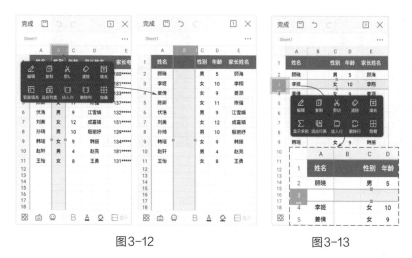

图3-12   图3-13

删除多余的行和列也很简单，选中所需行或列，在浮动工具栏中选择"删除行"或"删除列"选项即可删除被选的行或列，如图3-14所示。

（2）调整行高和列宽

如需对个别的行高或列宽进行调整，可拖动相应的行号或列标至合适位置即可，如图3-15所示。

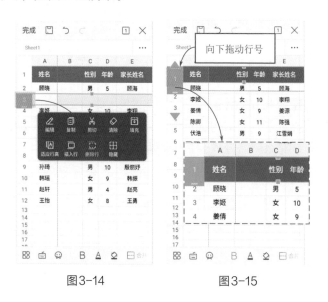

图3-14   图3-15

3.1.4 在表格中快速输入数据

在手机端WPS表格中，要输入数据或修改数据，需双击所需单元格，例如选中B1单元格，可打开编辑栏，输入单元格内容。单击工具栏右侧"☑"按钮，完成输入，如图3-16所示。

图3-16

选中B2单元格，输入日期数据。单击B2单元格，在浮动工具栏中选择"填充"选项，拖动"▼"图标至B11单元格，将日期向下填充，如图3-17所示。

图3-17

系统会按照2022/1/4、20221/5、2022/1/6……有序进行填充。如需向下复制相同内容，选择"重复填充"选项即可，如图3-18所示。双击要修改的单元格，即可修改数据，如图3-19所示。

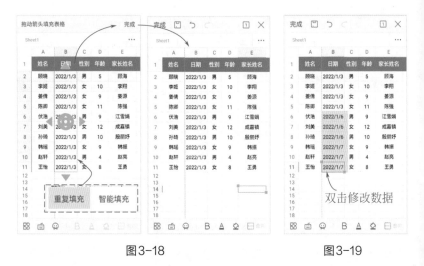

图3-18　　　　　　　　　　　　　图3-19

为了确保数据输入的准确性，用户可使用数据有效性功能输入。选中所需单元格区域，单击"工具" 按钮，在"数据"选项卡中选择"数据有效性"选项，并设置好数据类型，单击"确定"按钮，如图3-20所示。

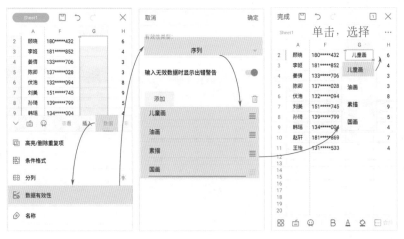

图3-20

知识链接:

如果单元格内容较多,可以选择屏幕下方快捷工具栏中"自动换行"选项,将内容换行显示,如图3-21所示。

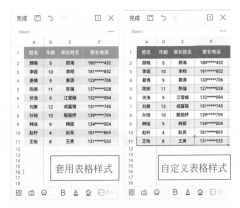

图3-21

3.1.5 简单修饰表格样式

数据修改完毕后,用户可以对表格进行简单修饰,如图3-22所示。

(1)快速套用表格样式

选中A1单元格,拖动右下角填充手柄,全选表格内容。单击"工具" 按钮,选择"开始"→"表格样式"选项,在打开的设置界面中选择好表格样式,单击"确定"按钮即可,如图3-23所示。

图3-22

图3-23

（2）自定义表格样式

如果对内置的样式不满意，用户可以自行设置表格样式。选中表格首行，打开"工具"设置面板，选择"开始"→"单元格格式"→"填充"选项，设置首行单元格的背景色，如图3-24所示。

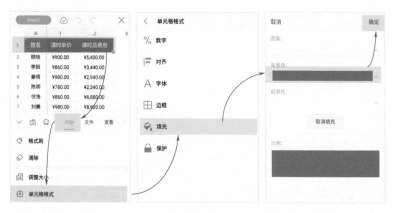

图3-24

连续单击"确定"按钮，返回到表格。选择第3行，并按照类似的操作设置好其背景色。保持该行的选中状态，在设置面板中选择"开始"→"格式刷"选项，然后选中第5行、第7行、第9行和第11行，将该背景色进行复制，如图3-25所示。

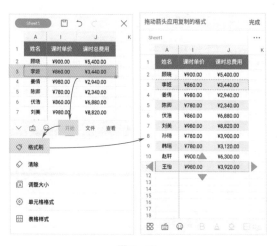

图3-25

再次全选表格，在设置面板中选择"开始"→"单元格格式"→"边框"选项，在打开的边框设置界面中设置好"线条"的样式和颜色，并在"预设"窗口中选择要应用的边框线，即可完成表格边框的设置操作，如图3-26所示。

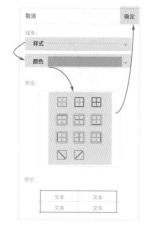

图3-26

3.1.6 保护工作表和工作簿

为了防止他人私自改动表格中的数据，可对表格设置保护措施。

打开表格，在"工具"设置面板中选择"审阅"→"保护工作表"选项，在打开的设置界面中，启用保护功能，并为其添加保护密码即可，如图3-27所示。当别人打开该表格后，只可浏览，无法更改其内容，如图3-28所示。

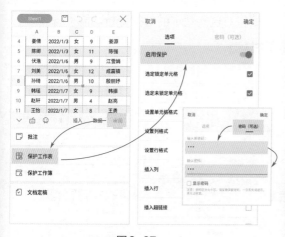

图3-27

图3-28

如果不想让他人随意调整当前工作簿的结构（例如添加或删除工作表），那么用户需对该工作簿进行保护。在"工具"设置面板中选择"审阅"→"保护工作簿"选项，在打开的"保护工作簿"窗口中设置好密码，单击"确定"按钮即可，如图3-29所示。这里需说明一下，如果只保护工作簿，那么其工作表中的数据是可以被修改的。

图3-29

3.2 对表格数据进行简单分析

手机端WPS表格不仅可查看并修改数据，还可对数据进行简单的分析，例如数据排序、筛选、突显、删除重复项、数据区名称定义等，甚至还可创建数据透视表。下面将对这些基本的数据分析功能进行介绍。

3.2.1 对数据进行简单排序

排序是对一个关键字或字段进行排序，例如将表格中的"点赞量"数据由小到大进行排序。打开所需工作表，单击C列任意单元格，打开"工具"设置面板，选择"数据"→"升序"选项，C列数据则会由小到大进行排序，如图3-30所示。

图3-30

相反,若选择"降序"选项,那么数据则会由大到小进行排序,如图3-31所示。

图3-31

3.2.2 对数据进行筛选

手机端WPS表格中,用户除了对数据进行简单的筛选外,还可以根据需要对数据进行多条件筛选,下面将对筛选功能进行介绍。

(1)简单筛选

例如,要筛选出点赞量高于2000的作品,那么可先指定表格任意单元格,在"工具"设置面板中选择"数据"→"筛选"选项,为表头添加筛选器,如图3-32所示。

单击C列筛选器,打开"点赞量"设置面板,选择"自定义"选项,在打开的自定义筛选界面中,设置好筛选的条件,单击"确定"即可,如图3-33所示。

图3-32

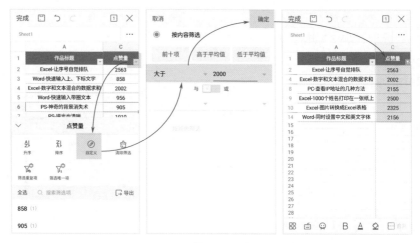

图3-33

如果想要筛选出所有PS作品的数据，也可使用自定义筛选进行操作。单击"作品标题"右下角的筛选器，选择"自定义"选项，在打开的设置界面中设置好条件，单击"确定"按钮即可，如图3-34所示。

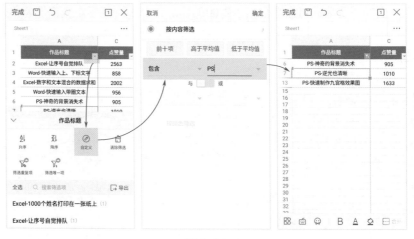

图3-34

（2）多条件筛选

多条件筛选就是按照两个或两个以上的条件进行筛选操作。例如，要筛选出"点赞量"大于2000，同时"评论量"大于500的作品。方法很简单，先按照以上筛选方法筛选出"点赞量"大于2000的作品，然后在该数据基础上筛选出"评论量"大于500的作品即可，如图3-35所示。

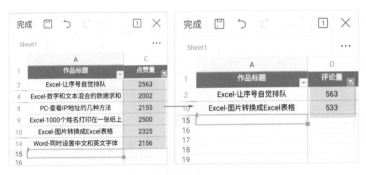

图3-35

(◉) 知识链接：

如需删除筛选结果，单击任意筛选器，在打开的设置面板中选择"删除筛选"选项即可，如图3-36所示。

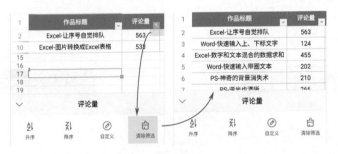

图3-36

3.2.3 突出显示指定的数据

要从表格中快速获取指定的数据信息，用户可使用条件格式功能来操作。例如，在以上案例中突出显示"涨粉"数量低于200的作品，可通过以下方法来操作。

选中F列，打开"工具"设置面板，选择"数据"→"条件格式"选项，打开相应的设置界面，在此设置好筛选条件，如图3-37所示。

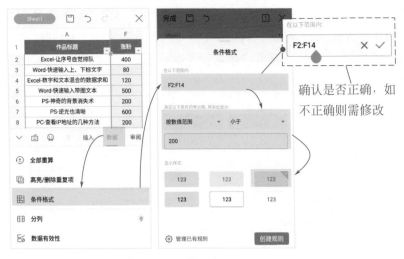

图 3-37

设置完后，单击"创建规则"按钮，创建条件规则，向下滑动屏幕，关闭设置面板，可查看筛选结果，如图 3-38 所示。

知识链接：

如要突出显示小于等于200的数值，可在"条件格式"界面中将"小于"设为"介于"，并设置好"200与0"数值范围，如图 3-39 所示。

图 3-38　　　　　　　　　　图 3-39

3.2.4 分列显示数据

当单元格中有文本、数字或其他多种数值类型时，为了方便数据读取或分析，可将这些混合的数值类型进行分列显示，如图3-40所示。

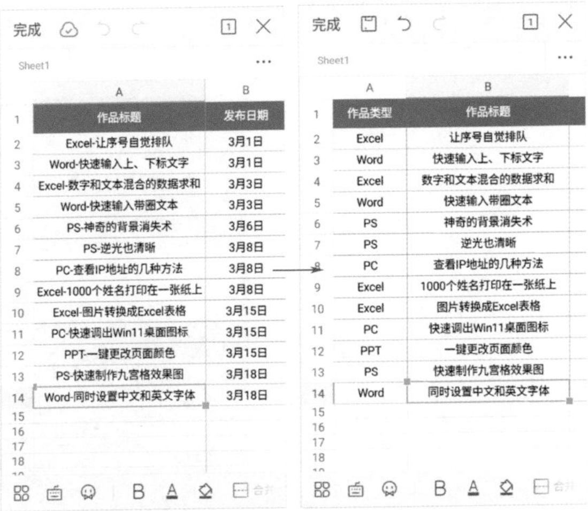

手机端WPS表格中，系统可识别4种分隔符，分别为"逗号""分号""加号"和"空格"。如表格中没有这类分隔符，则需用"查找和替换"功能将符号进行替换。

图3-40

打开表格，先选中B列，并在其左侧插入一个空白列，以方便分列操作，如图3-41所示。选中A2:A14单元格区域，打开"工具"设置面板，选择"查看"→"查找和替换"选项，如图3-42所示。

图3-41

图3-42

在"查找和替换"界面中，将"查找"设为"－"，将"替换"设为"＋"，单击"全部替换"按钮，替换A列数据中所有"－"分隔符，如图3-43所示。

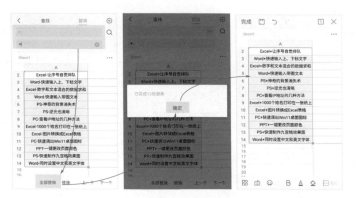

图3-43

保持A列选中状态，在"工具"设置面板中选择"数据"→"分列"→"加号"选项，完成分列操作，如图3-44所示。接着调整好分列后的表头内容即可。

图3-44

(!) 注意事项：

在需分列的列的右侧如有数据内容，则需在此先插入一空白列，再进行分列，否则分列后的数据将会覆盖原有列的内容。

3.2.5 创建数据透视表

目前手机端WPS表格没有分类汇总这一项功能，而在实际操作中如需对现有数据进行分类汇总统计，用户可使用数据透视表功能来操作，如图3-45所示。

图3-45

全选表格，在"工具"设置面板中选择"插入"→"数据透视表"选项，进入数据透视表创建界面，如图3-46所示。

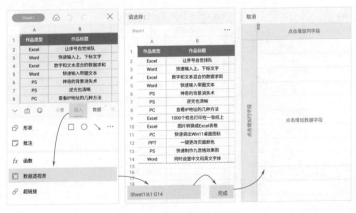

图3-46

在创建界面中可添加所需的行字段，可添加相应的数据字段，如图3-47所示。

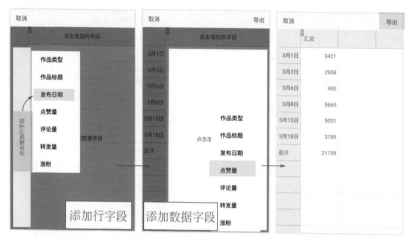

图3-47

数据透视表字段添加完毕后，单击"导出"按钮即可完成操作。此时，系统会以新的工作表来命名。

在数据透视表创建界面中，用户可修改字段名称，也可修改其汇总方式，如图3-48所示。需要说明的是，一旦"导出"后，其字段和汇总方式就无法更换，除非重新创建一张数据透视表。

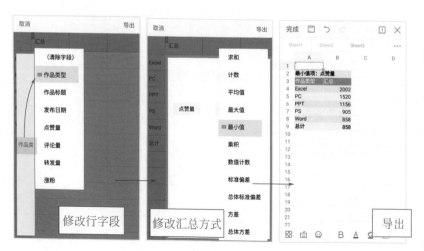

图3-48

3.3 对数据进行简单运算

数据的分析处理离不开数据的运算，例如基本的求和、求平均值、统计最大/最小值等。本小节将介绍如何使用手机端WPS表格对数据进行运算操作。

3.3.1 基本函数的应用

最基本的函数包含求和、均值、最大、最小、计数等。在手机端WPS表格中，选中要参与计算的单元格区域，在屏幕上方会显示这些函数的计算结果，如图3-49所示。此外，选中区域后，单击单元格填充手柄，在浮动工具栏中选择"显示求和"选项，即可显示更多函数结果，如图3-50所示。

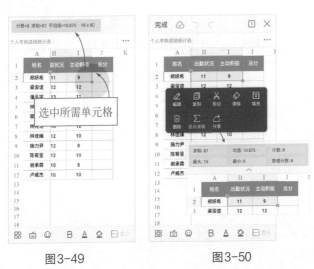

图3-49   图3-50

这种方法虽然能快速显示出结果，但其结果需要用户手动输入至单元格中。如果想在单元格中自动显示结果，需在结果单元格中输入相关公式或函数才可以。

（1）求和函数

选中J2结果单元格，在编辑栏中手动输入"=SUM(B2:I2)"公式，单击"☑"按钮即可得出结果，如图3-51所示。将该结果向下填充至J12单元格，完成其他结果单元格的计算，如图3-52所示。

图3-51 图3-52

（2）计数函数

想要统计出参考人数，可使用计数函数来计算。选中J14单元格，在编辑栏中输入"=COUNT(J2:J12)"，单击"☑"按钮完成计算，如图3-53所示。

知识链接：

除了以上函数输入方法外，还可以使用插入函数功能来输入。在"工具"设置面板中选择"插入"→"函数"选项，在打开的"函数列表"界面中选择所需函数类型即可插入，如图3-54所示。

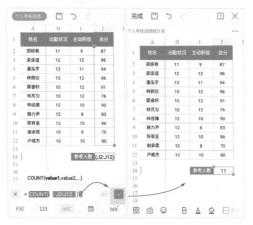

图3-53 图3-54

3.3.2 IF函数的应用

除了几个基本函数外，IF函数在实际工作中使用率也很高，经常用于根据现有数据来判断其是否符合指定条件。例如，当员工考核分大于等于80，则判断为通过，否则为未通过。

选择K2结果单元格，在编辑栏中输入公式"=IF(J2 > =80，"通过"，"未通过")"，单击"☑"按钮完成计算，如图3-55所示。将该单元格公式向下填充至其他结果单元格中，如图3-56所示。

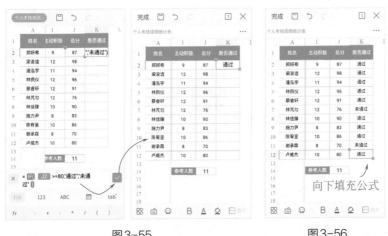

图3-55   图3-56

接下来，可利用条件格式将"未通过"突出显示，如图3-57所示。

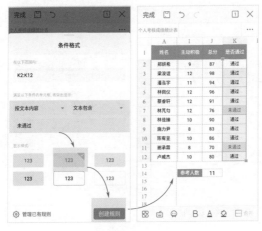

图3-57

3.3.3 RANK函数的应用

RANK函数主要用于求指定数值在一组数值中的排位。默认是从大到小降序排序，数据越大，排名就越靠前。下面将利用该函数对员工考核成绩进行排名。

选中L2结果单元格，在编辑栏中输入公式"=RANK(J2,J2:J12,1)"，然后单击公式中"J2:J12"单元格区域，在打开的快捷列表中选择"$J$2:$J$12"选项，如图3-58所示。

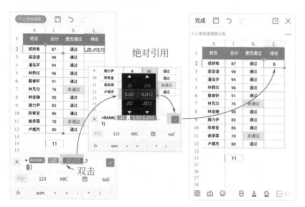

图3-58

选中该单元格，将公式向下填充至L12单元格，完成所有员工的排名，如图3-59所示。接下来，使用排序的方法，将该排名从大到小进行排序，如图3-60所示。

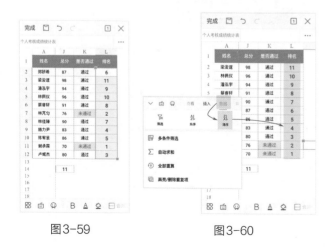

图3-59　　　　图3-60

3.3.4　为单元格区域定义名称

定义单元格区域名称，主要是为了方便用户快速选择相关区域的数据。在利用手机端WPS表格进行数据分析或计算时，经常需要滑动屏幕来选取单元格区域，如果将所需区域统一命名，那么在选择时就会方便很多，同时也降低了出错率。

例如，以计算员工考核总分为例，在为参与计算的单元格区域命名后，在输入公式时，直接输入区域名称即可，如图3-61所示，不需再通过滑动屏幕选择了。

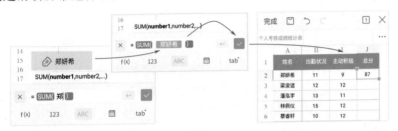

图3-61

具体命名方法很简单：打开"工具"设置面板，选择"数据"→"名称"选项，进入"名称"面板，选择默认的名称，进入定义名称设置界面，在此设置好"名称""引用位置""范围"，单击"确定"按钮即可，如图3-62所示。

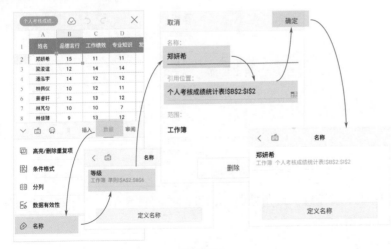

图3-62

> (!) **注意事项**:

如果公式中加入了单元格区域名称，得出的结果是不能运用自动填充功能能将公式填充到其他结果单元格的。

3.4 根据表格创建图表

创建图表是为了能够让数据更直观地展示。本小节就来介绍在手机端WPS表格中创建并设置图表的操作。

3.4.1 创建简单图表

在手机端WPS表格创建图表与在电脑端的操作相似，手机端WPS表格也自带多种类型的图表模板。用户从中选择一款合适的图表即可创建。

打开所需表格，指定表格中任意单元格，在"工具"设置面板中选择"插入"→"图表"选项，在"图表"界面中选择一款图表模板，单击即可创建，如图3-63所示。

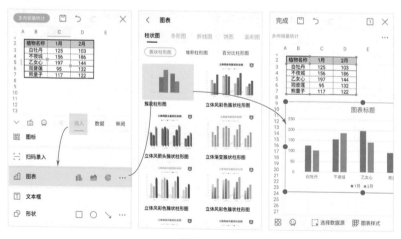

图3-63

拖动图表任意一对角控制点，可调整图表大小，让图表完全显示，如图3-64所示。

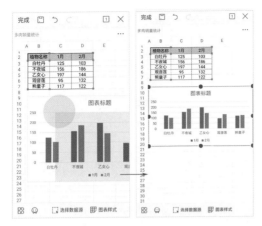

图3-64

3.4.2 更新图表中的数据

创建图表后，源数据表新增了一组数据，此时用户可将新增的数据添加至图表中，如图3-65所示。

操作方法很简单，选中图表，在屏幕下方快捷工具栏中选择"选择数据源"选项，在表格中重新选取所需数据，并选择好"行"或"列"，单击"完成"按钮即可，如图3-66所示。

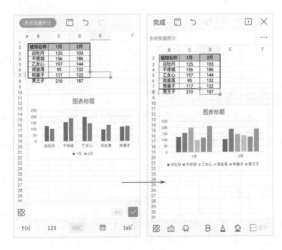

图3-65

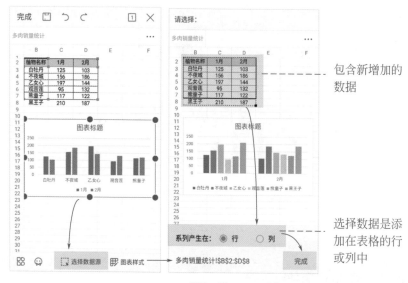

图3-66

 知识链接：

此外，用户还可以在"工具"设置面板中选择"图表"→"选择数据源"选项来更新图表数据，如图3-67所示。

图3-67

3.4.3 设置图表选项

为了能够快速读取图表数据，用户可以对图表元素进行一些调整，例如添加数据标签、设置图表标题、调整图例项位置以及显示与隐藏网格线等。

（1）添加数据标签

选中图表，在浮动工具栏中选择"图表选项"，打开"图表选项"设置界面。在此选择"数据选项"，在打开的界面中开启"显示数据标签"选项，单击"确定"按钮即可，如图3-68所示。

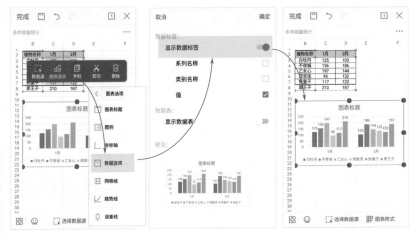

图3-68

（2）设置图表标题

在"图表选项"设置界面中选择"图表标题"，在打开的界面中，可将标题进行重命名，若要隐藏标题，只需关闭"显示标题"选项即可，如图3-69所示。

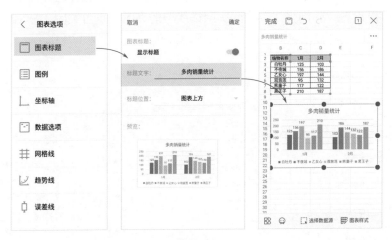

图3-69

（3）调整图例项位置

默认情况下图例项显示在图表下方，如需调整图例项位置，可在

"图表选项"界面中选择"图例"选项，在打开的设置界面中选择好位置即可，如图3-70所示。

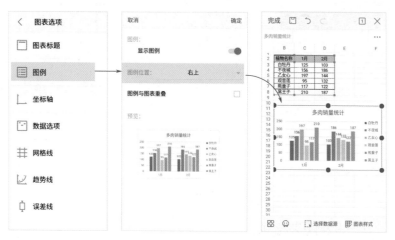

图3-70

（4）显示与隐藏网格线

在"图表选项"界面中选择"网格线"选项，在打开的界面中，用户可以设置"主网格线"或"次网格线"的显示，也可关闭"显示横向网格线"或"显示纵向网格线"选项隐藏网格线，如图3-71所示。

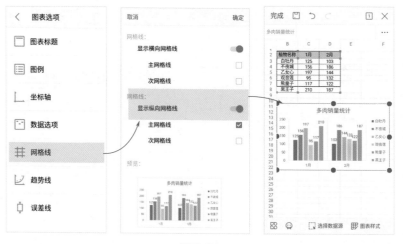

图3-71

扫码观看
本章视频

第 4 章

文案演示玩转
于掌心中

手机端 WPS 演示可以说是电脑端的精简版。电脑端的操作，在手机端几乎都能够实现（除了动画功能）。毕竟手机办公工具是为了方便用户及时、快速地处理文件，而非专业制作工具。本章将向用户介绍手机端 WPS 演示的基本操作。

4.1 对幻灯片页面进行编辑

对幻灯片页面进行编辑，包含对幻灯片的基本操作，文本、图片、形状、音视频的添加设置等。这些操作在手机端WPS演示中可以轻松实现。

4.1.1 新建和删除幻灯片

利用WPS演示打开幻灯片文件，进入编辑模式，可以看到当前只显示一张幻灯片。如需新建幻灯片，在下方幻灯片预览窗口中，单击"+"按钮，在"新建幻灯片"界面中选择幻灯片的类型和版式，单击即可，如图4-1所示。

图4-1

如要删除多余的幻灯片，只需单击该幻灯片，在浮动工具栏中选择"删除"选项即可，如图4-2所示。若选择"版式"选项，可更换当前页版式，如图4-3所示。

知识链接：

在屏幕下方快捷工具栏中单击"口幻灯片"选项也可以新建幻灯片。

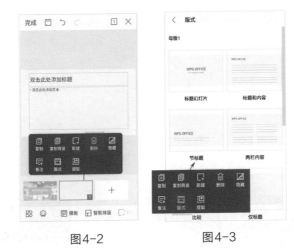

图4-2　　　　　　　　图4-3

4.1.2　复制和隐藏幻灯片

想要复制某页幻灯片内容，只需在预览窗口中单击所需幻灯片，在浮动工具栏中选择"复制"选项，然后在该窗口中单击要插入的位置，在浮动工具栏中选择"粘贴"选项即可，如图4-4所示。

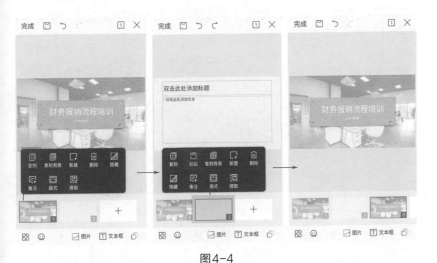

图4-4

选中幻灯片，在浮动工具栏中选择"隐藏"选项，此时该幻灯片编号将会显示"\\"符号，说明该幻灯片已被隐藏，如图4-5所示。再次单击该幻灯片，选择"取消隐藏"选项，可显示该幻灯片，如图4-6所示。

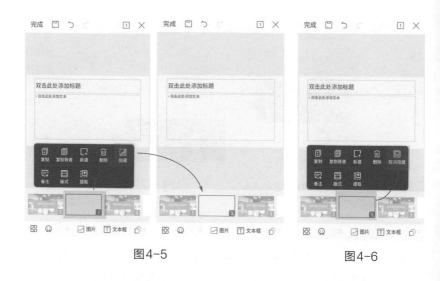

图4-5   图4-6

4.1.3　设置幻灯片背景

手机端WPS演示中，想要更改幻灯片背景，操作也很简单，如图4-7所示。

图4-7

在预览窗口中选择好幻灯片，在"工具"设置面板中选择"插入"→"设置背景"选项，在打开的"设置背景"界面中选择好"颜色背景"，单击"保存效果"按钮即可，如图4-8所示。

以上这种方法是更改背景颜色。若想要设置图片背景，可使用"图片"功能来操作。

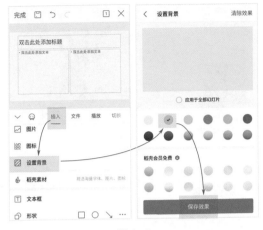

图4-8

在"工具"设置面板中选择"图片"选项，在"插入图片"界面中选择所需的背景图片，如图4-9所示。拖拽图片任意一对角点，调整图片等同于页面大小。打开"工具"设置面板，选择"图片"→"作为背景"选项，将图片作为背景图显示，并对背景图片的显示区域进行调整，如图4-10所示。单击"裁剪"按钮返回到上一层界面，即完成背景图片的添加操作。

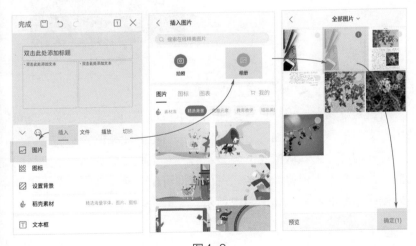

图4-9

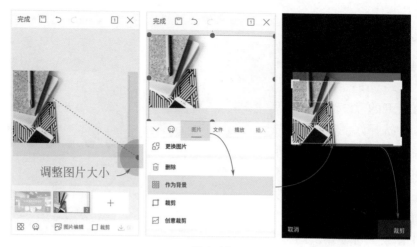

图4-10

(((o))) **知识链接：**

在操作过程中，如需对幻灯片背景进行复制，可选择该幻灯片，在浮动工具栏中选择"复制背景"选项，再选择目标幻灯片，然后选择"粘贴背景"选项，如图4-11所示。

图4-11

4.1.4 在空白幻灯片中插入文字

新建幻灯片后，用户可直接使用文本占位符功能输入文字，也可以利用"文本框"功能来输入，其操作方法与电脑端相似。

打开幻灯片，默认情况下会显示有"双击此处添加标题"字样的虚线框，称为文本占位符。双击该占位符即可输入文字内容，单击页面空白处完成标题的输入，如图4-12所示。

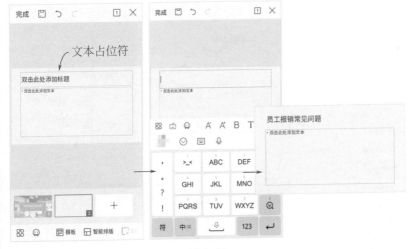

图4-12

标题输入后，用户可单击该标题，在"工具"设置面板中对标题的格式进行设置，如图4-13所示。

这种文本输入方法有一个弊端，就是文字的字号会随着文字的多少而改变，当文字数量大于占位符容纳空间时，系统会自动缩小字号，以保证在占位符中显示出所有文字。

为了避免这种情况的发生，用户可以使用"文本框"功能来操作。

在页面中选中文本占位符，在浮动面板中选择"删除"选项可删除该占位符。在"工具"设置面板中选择"插入"→"文本框"选项，在页面中间随机插入一个文本框，输入文字内容即可，如图4-14所示。

图4-13

图4-14

选择文本框，在屏幕下方快捷工具栏中选择"文本框"选项，用户可在打开的设置面板中对文本框的样式进行设置，例如填充颜色、边框颜色、边框样式等，如图4-15所示。

图4-15

拖动文本框两侧的控制圆点，可调整文本框大小，如图4-16所示。选中文本框不放，将它移至页面合适位置，可调整文本框的位置，如图4-17所示。

在"工具"设置面板中，用户可对文本框中的字体格式等进行设置，如图4-18、图4-19所示。

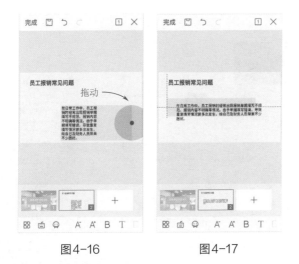

图4-16　　　　　　　　图4-17

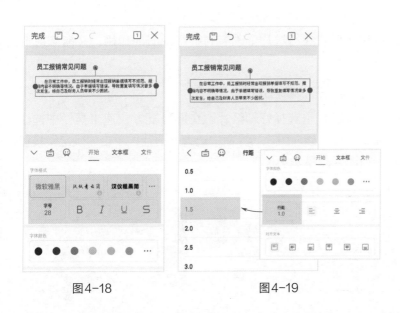

图4-18　　　　　　　　图4-19

　　选中文本框，在浮动工具栏中选择"复制"选项，单击页面空白处，选择"粘贴"选项，可复制该文本框，如图4-20所示。修改复制后的文本内容，适当地设置一下文字格式，结果如图4-21所示。

图4-20   图4-21

4.1.5 插入并编辑图片及图形

图片和形状在幻灯片中既起到解释说明的作用，又能修饰页面效果，一举两得。

（1）插入并设置图片

在预览窗口中选择好幻灯片，在屏幕下方快速工具栏中选择"图片"选项，在"插入图片"界面中选择好图片，单击"确定"按钮插入图片，如图4-22所示。

图4-22

拖动图片任意角点，可放大或缩小图片，如图4-23所示。拖动图片上方"旋转"按钮，可旋转图片，如图4-24所示。

图4-23   图4-24

知识链接：

选中图片，在"工具"设置面板中选择"图片"→"移至底层"选项，可将图片排列在文字下方；选择"裁剪"选项，可对图片进行裁剪；选择"更换图片"选项，可更换当前图片。如图4-25所示。

图4-25

（2）插入并设置形状

选中幻灯片，在"工具"设置面板中选择"插入"→"形状"选项，选择好形状后，会在页面中显示该形状，如图4-26所示。拖动形状任意对角点，调整形状的大小，并将其放置在页面的合适位置，如图4-27所示。

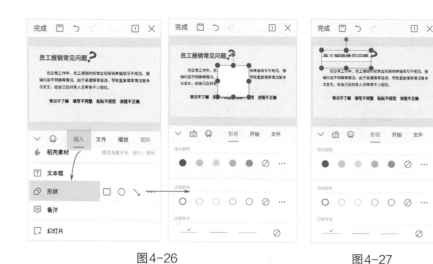

图4-26   图4-27

在"工具"设置面板的"形状"选项卡中，用户可以对该形状的填充颜色、边框颜色、边框样式进行设置，如图4-28所示。

在"形状"选项卡的"对象层次"列表中，用户可设置形状的排列方式，如图4-29所示。按照同样的方法绘制其他形状，如图4-30所示。

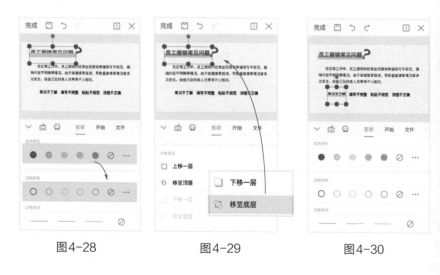

图4-28   图4-29   图4-30

选择形状，在浮动工具栏中选择"复制"选项，可复制该形状，单击页面空白处选择"粘贴"选项，可粘贴形状，调整好其位置，如图4-31所示。

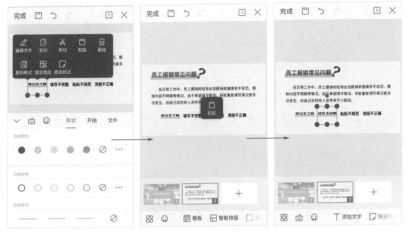

图4-31

按照同样的方法复制形状，并将其放置在文字下方，完成结果如图4-32所示。

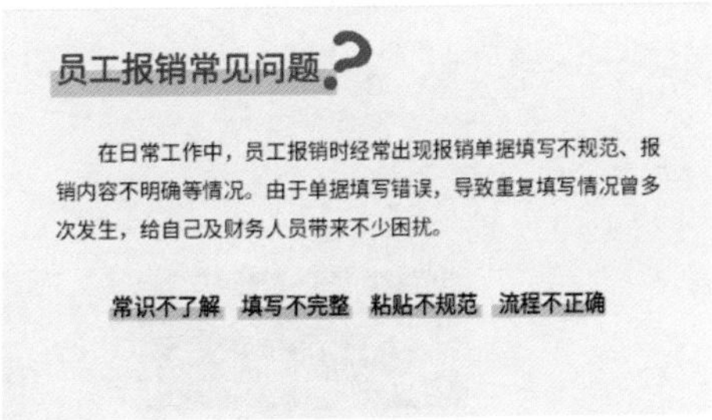

图4-32

4.1.6 插入音频和视频文件

在幻灯片中插入音频和视频文件，可丰富幻灯片内容。

（1）插入音频

选中幻灯片，在"工具"设置面板中选择"插入"→"背景音乐"或"音频"选项，在打开的"插入"界面中选择所需的音频文件，即可将其插入当前幻灯片中，如图4-33所示。

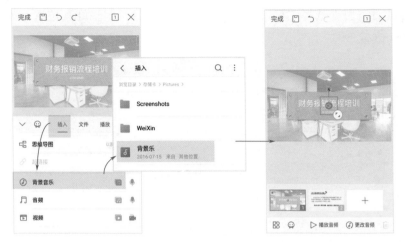

图4-33

选择音频文件，将其移至页面合适位置。单击音频，在浮动工具栏中选择"播放"按钮，可播放当前音频文件，如图4-34所示。选择"更改音频"按钮可更换当前音频，如图4-35所示。

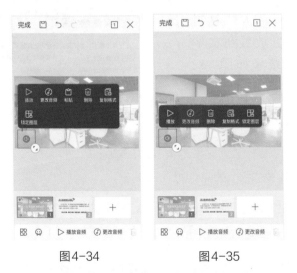

图4-34　　　　　　　　　图4-35

在"插入"选项卡中单击"音频"右侧的录音按钮，可进行现场录音，完成后将录音自动插入幻灯片中，如图4-36所示。

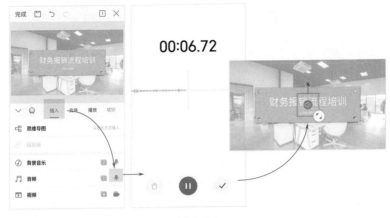

图4-36

（2）插入视频

在"工具"设置面板中选择"插入"→"视频"选项，在打开的"选择文件"界面中选择所需视频即可将其插入幻灯片中，调整好视频的大小和位置，如图4-37所示。

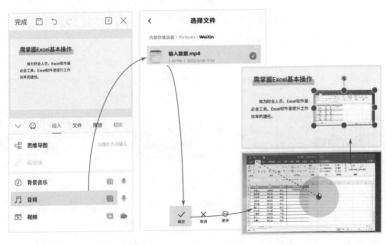

图4-37

（!）注意事项：

在手机端WPS演示的幻灯片中插入视频，只有在播放该幻灯片时才可以观看，正常编辑模式下是无法观看的。

4.2 演示并输出幻灯片

幻灯片制作好后，通常需要从头演示一遍，检查是否有不妥之处，利用手机端WPS演示来操作是很方便的。本小节将介绍在手机中演示幻灯片的基本操作。

4.2.1 为幻灯片添加切换效果

页面切换指的是两张或多张幻灯片在演示时的衔接。与电脑端相同，手机端也内置了细微型、华丽型、动态内容这三种切换类型，如图4-38所示。

图4-38

在"工具"设置面板中选择"切换"选项卡，在其列表中选择所需切换效果即可，如图4-39所示。

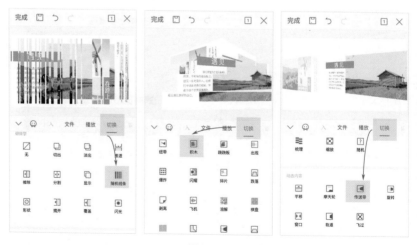

图4-39

选择好后，单击"应用于全部幻灯片"按钮，可将该切换效果应用于其他幻灯片中，如图4-40所示。

图4-40

4.2.2 选择幻灯片的放映方式

默认情况下，在放映幻灯片时，系统会从第1张幻灯片开始放映。如果想要从某一张幻灯片开始放映的话，在预览窗口中选择所需幻灯片，在"工具"设置面板中选择"播放"→"从当前页"选项，即可从当前幻灯片开始放映，直到放映结束为止，如图4-41所示。

图4-41

如果选择的是"从首页"，那么无论选中哪一张幻灯片，系统都会从第1张幻灯片开始放映。而选择"自动播放"选项，系统会按照默认的换片时间，自动从第1张幻灯片开始放映，直到结束，如图4-42所示。

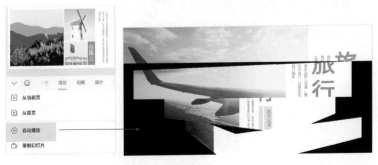

图4-42

4.2.3　按需输出幻灯片

为了让幻灯片在其他设备中也能够正常播放，用户可将幻灯片转换成其他文件格式，如视频格式、PDF格式等。

（1）输出为视频格式

打开"工具"设置面板，选择"文件"→"输出为视频"选项，系统会打开正在生成界面，完成后单击"打开视频"按钮即可查看转换结果，如图4-43所示。

图4-43

（2）输出为PDF格式

在"工具"设置面板中选择"文件"→"输出为PDF"选项，在打开的设置界面中单击"输出为PDF"按钮，在"保存"界面中设置好路径后单击"输出为PDF"即可，如图4-44所示。

图4-44

4.2.4 共享演示幻灯片

如果需要与他人共享演示幻灯片，那么用户可使用"会议"功能来操作。

在"工具"设置面板中选择"播放"→"会议"选项，在打开的设置界面中选择会议加入方式，这里选择"QQ"发送方式，在打开的邀请界面中选择好邀请人，发送邀请即可，如图4-45所示。当对方接受邀请后，会自动加入会议中。

图4-45

邀请完成后，将自动进入会议界面。在此，所有参会人员都可观看到当期幻灯片内容，如图4-46所示。

滑动屏幕可切换幻灯片。单击屏幕右侧电话图标，可打开工具栏，在此可选择相应的操作按钮，如图4-47所示。

单击"成员"按钮可显示当前参会人员，单击"邀请成员"按钮，还可以邀请其他成员加入会议，如图4-48所示。

单击"更多"按钮，在打开的设置面板中可对"会议管控""共享""聊天"等功能进行设置，如图4-49所示。

图4-46

图4-47

图4-48

单击屏幕，在屏幕上方工具栏中可选择墨迹工具。单击"画笔"按钮，可在幻灯片演示过程中对其重要内容进行标记，如图4-50所示。通过单击屏幕左右两侧箭头来切换内容。

图4-49

图4-50

会议结束时，单击右侧电话图标按钮，单击"结束会议"按钮，并选择"全员结束会议"选项即可结束会议，如图4-51所示。

图4-51

扫码观看
本章视频

第 5 章

手机修图
各显其能

人们利用手机拍照后，都会顺手对照片进行一些必要的美化，例如提亮、调色、增加对比度等。这些利用手机自带的图像处理工具就可以轻松实现。然而，想让图像效果更出彩，可使用各类图像处理App来美化。本章将介绍几款实用的图像处理App，好让用户在处理图像时多一些选择。

5.1 利用手机自带的图像处理工具

本小节以小米手机为例，向用户介绍如何使用手机内置的图像处理工具来对照片进行必要的美化操作。

5.1.1 裁切图像

如果图像的拍摄角度不理想，用户可使用手机内置的裁切功能来调整，如图5-1所示。

选择图像，单击屏幕下方"编辑"按钮，进入编辑界面，单击"裁切旋转"按钮，进入裁剪状态，调整好裁剪区域，单击"√"按钮即可完成裁剪操作，如图5-2所示。

单击"还原"按钮，可还原至裁剪前的状态。

图5-1

图5-2

此外，用户还可按照一定的比例进行裁剪。在屏幕下方工具栏中选择相应的比例值即可，如图5-3所示。

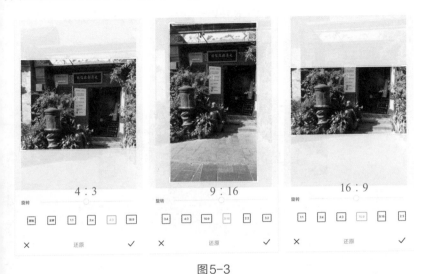

图5-3

单击旋转按钮，可将当前图像以逆时针方向旋转90°，如图5-4所示。单击自由按钮，拖动"旋转"滑块，可按自由角度旋转图像，如图5-5所示。单击翻转按钮，可将图像进行水平翻转，如图5-6所示。

图5-4   图5-5   图5-6

5.1.2 基础调色

一般来说，手机拍出的照片色调比较灰暗，需要用户进行二次调整，例如调整亮度、对比度、饱和度、色温等，如图5-7所示。

图5-7

（1）一键美化

选择图像，进入编辑界面，单击屏幕下方"一键美化"按钮，可快速美化当前图像，如图5-8所示。

（知识链接：

在"一键美化"界面中，用户可根据图像内容来选择美化方式。例如美食图片，就可单击"美食"按钮进行快速美化。

图5-8

（2）手动调色

如果"一键美化"效果不理想，那么用户可手动调整图像的色调。进入编辑界面，滑动屏幕下方工具栏，找到"增强"按钮，单击进入"增强"界面。单击"亮度"按钮，并滑动相应的滑块，可调节当前图像的亮度。向右拖动滑块，图像变亮，向左拖动滑块，图像变暗，如图5-9所示。

图5-9

单击"对比度"按钮，并拖动其滑块，可调整图像对比度。滑块向右，对比度变强，滑块向左，对比度变弱，如图5-10所示。

单击"饱和度"按钮，向右拖动其滑块，可以增强当前图像饱和度，如图5-11所示。

⚠ **注意事项：**

饱和度稍微调整一下即可。颜色越鲜艳，饱和度就越高。高饱和度的色彩，一般用于画面点缀，如果大面积地使用，会使得画面过于鲜艳。

单击"锐化"按钮，向右拖动滑块，可调整图像的清晰程度。锐化值越大，图像越清晰；锐化值越小，图像越模糊。

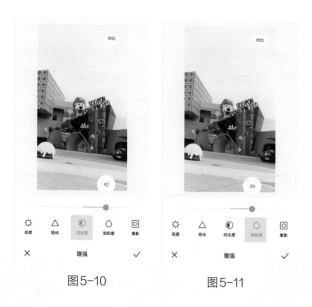

图5-10　　　　　　　　图5-11

5.1.3　使用滤镜处理图像

使用滤镜，可以让图像呈现出各种不同风格的效果。手机机型不同，内置的滤镜数量也不同。目前，小米手机内置的滤镜有40多种，足够满足人们日常处理的需求。

选择图像，进入编辑界面。单击屏幕下方"滤镜"按钮，可进入"滤镜"界面。在此可看到，系统将滤镜整理成"流行""经典""人像""电影"4大类，如图5-12所示。用户只需单击相关滤镜，即可为当前图像赋予该效果，如图5-13所示。

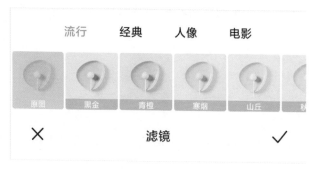

图5-12

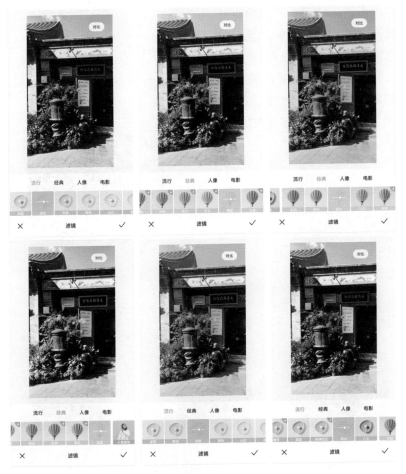

图5-13

5.1.4 在图像上添加文字标识

在编辑界面中，用户可以通过两种方式来为图像添加文字，一种为涂鸦方式，另一种则为文字水印方式。

（1）涂鸦

涂鸦方式比较自由，用户可在图像任意处自由绘制，如图5-14所示。

选择图像，进入编辑界面，滑动屏幕下方工具栏，找到"涂鸦"按

103

钮，单击进入该界面。先调整好涂鸦颜色，然后在图像上任意位置涂鸦即可，如图5-15所示。此外，用户还可以根据需要选择涂鸦的线型，例如曲线、直线、方形、圆圈、箭头，如图5-16所示。

◉ **知识链接：**

涂鸦后，每一条线都是独立显示的。如果想要删除其中一条线，只需选中它，单击该线右上角"×"按钮即可。

图5-14

图5-15   图5-16

（2）文字水印

利用文字水印方式可以为图像添加文字标识，相对于自由涂鸦来说，比较中规中矩。选中图像，进入编辑界面，在屏幕下方找到"文字水印"选项，单击进入该界面。此时在图像中会出现可编辑文本框。在此，用户可输入文字标识。选中该文本框，可对其字体、样式进行设置，如图5-17所示。

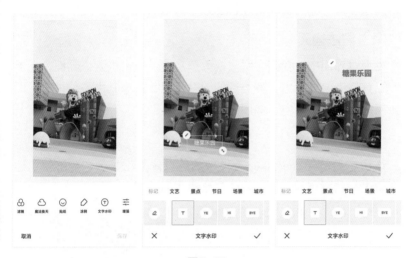

图5-17

此外，在"文字水印"界面中，用户可根据需要选择其他文字形式。例如，气泡样式、带箭头样式，以及各类文字模板，如图5-18所示。

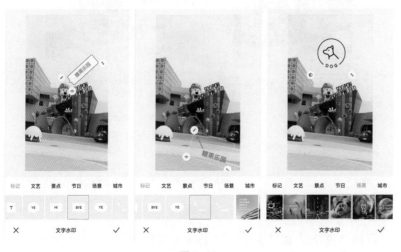

图5-18

5.1.5　其他图像处理功能

以上介绍的是图像处理的基础功能，除此之外，用户还可根据需求利用其他一些有趣的功能来进行处理，例如魔法换天、魔法消除等。

（1）魔法换天

在编辑界面中，找到"魔法换天"功能，单击进入该界面，在屏幕下方工具栏中会显示出各种类型的天空模板，选中其中一款模板，即可替换当前图像中的天空，如图5-19所示。

（2）魔法消除

该功能类似于Photoshop软件中的污点修复工具。它能够快速地消除图像中一些污点与杂质，操作起来也很简单。

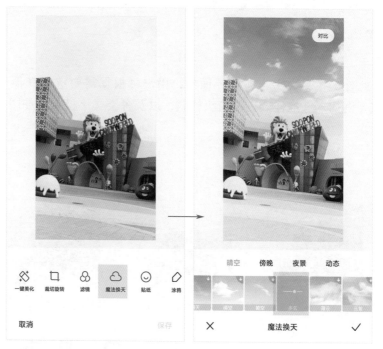

图5-19

找到"魔法消除"功能，单击进入该界面，如图5-20所示。根据图像污点的大小，选择好画笔。"去杂物"适用于面积较大的污点；"去线"适用于面积小的污点。向左或向右拖动滑块,可调整画笔大小,如图5-21所示。选择好后,在图像中污点处涂抹即可,如图5-22所示。

图5-20 图5-21 图5-22

5.2 利用 Pro Knockout App 快速抠图

Pro Knockout App是一款专业的智能抠图软件,利用它可快速抠取图像中任意区域。本小节将对这款App的主要功能进行介绍。

5.2.1 智能化的抠图功能

Pro Knockout App有多种抠图方法,用户可根据需要选择不同的抠图工具,当然这些工具也可搭配使用。

(1)一键抠图

一键抠图可以自动识别轮廓较为明显、目标与背景颜色色差大或内容较少的简单图像。在首页中单击"一键抠图"按钮并选择所需图片后,系统会自动进行抠取,并展示出抠取效果,如图5-23所示。

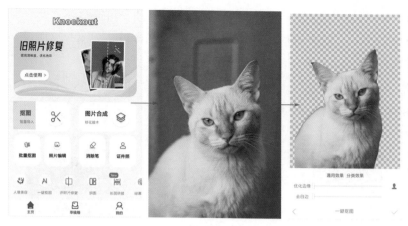

图5-23

（2）手动抠图

手动抠图需要搭配其他工具一起使用，比较适合用于较复杂的难处理的图像，例如图像色差较小、有复杂的背景等。

导入图片后，单击"手动抠图"按钮，在图片上绘制要保留的范围，稍等片刻，即可完成抠取操作，如图5-24所示。单击"擦除/复原"按钮，进入该编辑界面，圆点显示位置为擦除区域，用户可以通过"尺寸"和"偏移"参数来对圆点大小和圆点偏移位置进行调整，如图5-25所示。

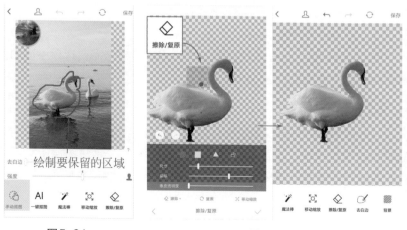

图5-24　　　　　　　　　　图5-25

（3）魔法棒抠图

使用魔法棒可以擦除颜色相近的区域，适用于纯色或背景简单的图片。导入图片，在工具栏中单击"魔法棒"按钮，单击屏幕上方 ♔图标进入蒙版模式。单击图片背景，系统会自动识别并删除颜色相近的区域，如图5-26所示。

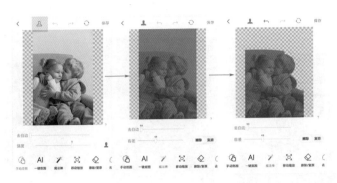

图5-26

（知识链接：

拖动"容差"滑块，可调整魔棒选取的范围。容差值越大，选取的范围就越大；容差值越小，选取的范围就越小。

接下来，单击"擦除"或"复原"按钮，对图片细节部位进行调整，如图5-27所示。完成后单击 ♔图标退出蒙版模式，如图5-28所示。

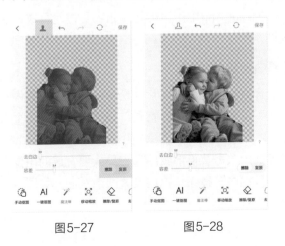

图5-27　　　　　图5-28

（4）套索抠图

套索工具与Photoshop软件中的套索功能相似，是通过绘制套索、多边形、方形以及椭圆形来对图片进行抠图操作。

导入图片，在屏幕下方工具栏中单击"套索"按钮，根据要抠取的区域选择所需形状，并在图片上绘制该形状，单击 ∨ 按钮，此时在该形状内的图片将被抠取出来，如图5-29所示。

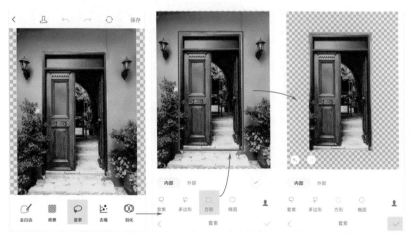

图5-29

5.2.2　将图像合二为一

在Pro Knockout App中用户可将多张图片进行合成，使其展现出更多有趣的效果。

（1）背景合成

利用背景合成功能，可将图片轻松融入预设的背景中。在首页中单击"图片合成"按钮，在"选择背景"选项中选择好一个背景模板，如图5-30所示。

在编辑界面中双击替换前景图片，导入要合成的图像。在下方工具栏中单击"一键抠图"按钮，抠取设置的前景图，如图5-31所示。

图5-30

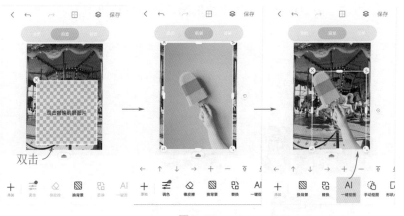

图5-31

调整好前景图的大小和位置，并单击工具栏中"翻转"按钮，将前景图进行水平翻转，如图5-32所示。选中前景图，单击工具栏中"色调融合"按钮，将前景图快速融入背景图中，如图5-33所示。选中背景，为其添加一个运动模糊滤镜效果，如图5-34所示。

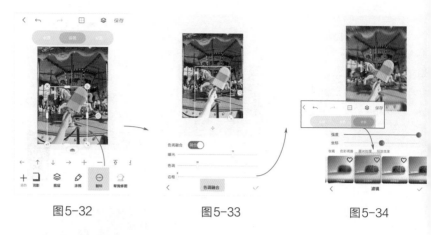

| 图5-32 | 图5-33 | 图5-34 |

（2）海报合成

在"选择背景"界面中有多种模板可以使用，包括各种节日的海报、公众号配图、电商配图、朋友圈拼图、邀请函、表情包、头像、电脑桌面、包装等。

选择所需的海报模板，进入海报编辑界面，双击海报中的图片，可替换该图片，适当调整图片大小及色调，如图5-35所示。

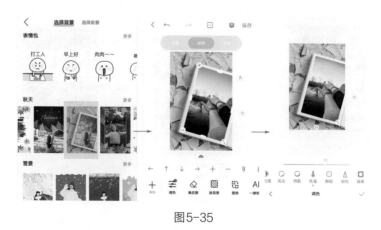

图5-35

5.2.3　快速美化图像

Pro Knockout App除了基本的图像处理工具外，还有其他有趣的美化工具，例如旧照片修复、形状蒙版等。

(1) 旧照片修复

在首页中单击"旧照片修复"按钮，并导入要修复的老照片，系统会自动进行识别修复，结果如图5-36所示。

(2) 修复瑕疵

在首页中单击"消除笔"按钮，导入图像，在工具栏中单击"擦除"按钮，在需擦除的区域进行涂抹即可，如图5-37所示。单击"复原"按钮，可复原擦除区域。

图5-36

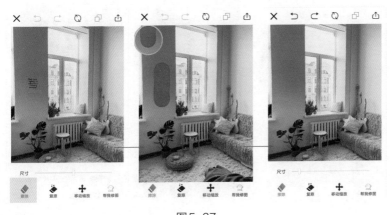

图5-37

（3）形状蒙版

形状蒙版可将图像处理成各种形状的贴纸素材。在"形状"中可使用形状、字母（数字）、动物、喷墨、画笔以及泡泡样式。

在首页中单击"形状"按钮，并导入图像，进入编辑界面。在屏幕下方选择所需形状蒙版即可，如图5-38所示。

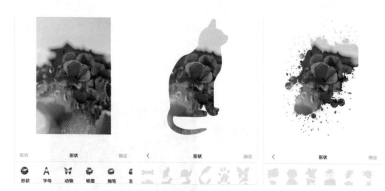

图5-38

（4）替换天空

替换天空功能，可快速更换图像中的天空区域。在首页中单击"替换天空"按钮，并导入所需图像，进入编辑界面，在屏幕下方选择要更换的天空模板即可应用，如图5-39所示。此外，单击"+"按钮可添加天空素材。

图5-39

拖动"天空位置"滑块，可调整天空显示范围；拖动"去白边"滑块，可去除图像白边；拖动"优化边缘"滑块，可优化图像边缘。优化值越大，边缘越模糊；优化值越小，边缘越清晰。

5.3 利用美图秀秀 App 处理图片

美图秀秀是一款很实用的图片处理App。它可以快速对图片进行各类美化处理，例如添加图片特效、人物美颜、图片拼图等，同时还提供了多套模板及素材，让一些没有修图基础的用户也能够轻松修图。

5.3.1 对图片进行修饰美化

启动美图秀秀App后，随即进入App首页，单击"图片美化"按钮，导入图片，进入编辑界面，如图5-40所示。在屏幕下方工具栏的"美图配方"功能中选择好模板，即可应用至当前图片上，如图5-41所示。

图5-40

图5-41

选择"智能优化"功能，可快速优化图片色调，使图片具有层次感，如图5-42所示。

选择"编辑"功能，可快速对图片进行裁剪、旋转及矫正操作，如图5-43所示。

选择"滤镜"功能，可为图片添加各种滤镜效果，单击即可应用，拖动"程度"滑块，可调整滤镜程度，如图5-44所示。

图5-42

图5-43

图5-44

选择"调色"功能，可调整图片的"光效""色彩"和"细节"，例如图片亮度、对比度、高光、暗部、饱和度、色温、色调等，如图5-45所示。

选择"文字"功能，可为图片添加文字注释。在"文字"工具栏中，用户可套用预设的文字样式，也可自定义文字样式，如图5-46所示。

选择"边框"功能，可为图片添加各类边框，如图5-47所示。

图5-45

图5-46

图5-47

图片美化好后，单击图片右上角"保存"按钮即可保存图片效果。

![知识链接图标] **知识链接：**

在图片编辑界面中，用户还可根据需要设置其他美化工具，例如"贴纸""消除笔""涂鸦笔""马赛克""背景虚化""抠图""魔法照片"等。其中，"魔法照片"为视频剪辑工具，它可将静态图片剪辑成动态效果。感兴趣的用户可以逐一尝试，相信会有意外的惊喜。

5.3.2 对人像进行美颜

美图秀秀对于修饰人物照片效果也很好。在首页中单击"人像美容"按钮，导入人像照片后随即进入编辑界面，如图5-48所示。选择"美容配方"功能，可进入该界面，在此选择一套预设的配方即可对人像进行快速美颜，如图5-49所示。

图5-48   图5-49

（1）调整人像肤色及妆容

在工具栏中选择"美妆"功能，可以修饰当前人物的妆容。用户可以一键套用预设的妆容，也可以单独修饰某一部分的妆容，例如口红、眉毛、眼妆等，如图5-50所示。单击"程度"右侧小手指图标，可对某局部妆容进行调整，如图5-51所示。

选择"磨皮"选项，并调整磨皮程度，可对人物进行磨皮。

选择"祛皱"选项，并调整好涂抹程度，在人物皱纹处涂抹，可快速去除人物脸部皱纹，如图5-52所示。

选择"美白"选项，可调整人物肤色，如图5-53所示。

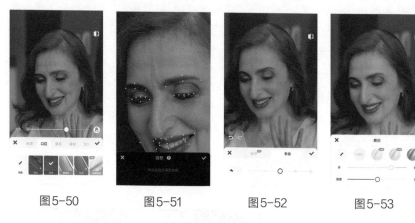

图5-50　　　　　　图5-51　　　　　　图5-52　　　　　　图5-53

（2）人像塑形

使用美图秀秀还可快速对人像进行瘦身塑形。在"人像美容"界面中选择"瘦脸瘦身"功能，进入编辑界面。拖动"大小"滑块，可调整瘦身程度。向右拖动滑块，瘦身程度变强；向左拖动滑块，瘦身程度变弱。调整好后，在图像所需位置涂抹即可，如图5-54所示。

图5-54

知识链接：

　　在工具栏中使用"增高塑形"功能，可以对人像某个局部进行细致调整，例如增高、瘦腿、瘦腰、瘦手臂、瘦肩颈等。

5.3.3　快速制作证件照

　　使用美图秀秀能将手机拍摄的人像照片快速制作成各类标准的证件照。下面以制作注册会计师证件照为例，来介绍具体的制作方法。

　　在首页界面中找到并单击"美图证件照"按钮进入相关界面。选择"财务会计"类别，选择第 1 条"注册会计师"选项，如图 5-55 所示。

图 5-55

　　用户可以选择"相册导入"或"直接拍摄"获取人像照片。照片获取后，可选择电子照预览或排版照预览，如图 5-56 所示。

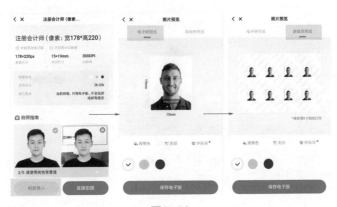

图 5-56

在"背景色"选项中，可根据需求更换背景颜色，如图5-57所示。在"美颜"选项中，可迅速对当前人像进行美颜，如图5-58所示。在"换服装"选项中，可为人物进行换装，如图5-59所示。

| 图5-57 | 图5-58 | 图5-59 |

在"美图证件照"界面中单击屏幕下方"小工具"按钮，可以对照片进行抠除背景替换底色、修改文件大小、自定义照片尺寸等操作，如图5-60所示。

选择"抠图换底色"选项后，系统会自动抠除照片背景，并可替换任意背景色，如图5-61所示。选择"修改文件大小"选项后，可设置文件的最大值和最小值。选择"自定义照片"选项后，用户可自定义照片尺寸、文件大小和分辨率，如图5-62所示。

| 图5-60 | 图5-61 | 图5-62 |

5.3.4 有趣的拼图功能

拼图功能可将多张同类别的图片拼合在一张图片中。在美图秀秀中，用户可通过"海报""模板""拼接"以及"自由"这4种模式进行拼图。

（1）海报模式

在首页中单击"拼图"按钮，导入所需图片，单击"开始拼图"按钮，进入拼图界面，如图5-63所示。"海报"为美图秀秀默认拼图模式。在此模式中，用户可根据图片风格，选择不同的拼图样式。

图5-63

单击其中一张图片，在打开的"编辑图片"工具栏中，用户可对当前图片进行单独调整。例如调整图片的滤镜、替换图片、旋转图片、翻转图片等，如图5-64所示。

（2）模板模式

模板模式较为简单，系统仅提供了几种基础样式。单击相应的比例值，可调整拼图的尺寸，如图5-65所示；单击左侧"无边框"按钮，可设置图片边框，默认为"无边框"显示，如图5-66所示。

（3）拼接模式

拼接模式是将图片拼接成长图。用户可通过"拼接模板"和"智能拼接"两种形式来选择拼接样式，如图5-67所示。

（4）自由模式

利用该拼图模式，所导入的图像可以进行自由旋转、缩放操作。此外，用户可以选择预设的背景，也可以自定义背景，如图5-68所示。

(!) **注意事项：**

在拼接模式下，无法对图片进行单独编辑。

图5-64

图5-65

图5-66

图5-67

图5-68

第 6 章

手机短视频
轻松做

现如今，短视频越来越受到大众的欢迎，短视频剪辑也成为了日常工作、生活中的一项重要技能。用户只需一部手机，就能够顺利完成从拍摄到发布的全过程。本章将介绍短视频制作的基本流程以及视频剪辑的基本操作，其中包括短视频制作工具及素材的搜集、拍摄技巧，以及两种剪辑工具的应用等。

6.1 了解短视频制作流程

优质的视频从来不是随手一拍，而是经过精心的策划、用心的拍摄，以及完美的后期剪辑造就出来的。所以，在制作视频前，先要了解视频制作的大致流程。只有做足了准备，才有可能制作出精品。

6.1.1 搜集视频素材

素材的搜集是视频制作的重要环节，它是创作者输出优质视频的必要保障。在搜集素材时，可从以下三个方面查找。

（1）文案素材

文案素材包含故事剧本类、知识传播类以及心灵鸡汤类等。

故事剧本类是借助某个故事来传达作者的思想感情。这类素材网站有很多，例如剧本网、华语编剧网等。

知识传播类是以分享人们日常工作或生活中的技巧、知识为主。这类素材用户可通过各类公众号、微博、知乎等平台搜集，并进行二次提炼，如图6-1所示。

图6-1

心灵鸡汤类是以简短的一段话或各类金句来传达作者的创作思想。这类素材可以通过各类语录名言网站获取。

（2）图片素材

图片类素材网站有很多，例如花瓣网、摄图网、千图网等。另外，还有不少免版权图库网站，例如 Pexels、Unsplash、visualhunt 等，如图6-2所示。

图6-2

（3）视频素材

用户可通过 pixabay、Vidlery、Free video clips 等高品质视频资源网站去获取视频素材，如图6-3所示。

图6-3

知识链接：

音频素材在视频制作中是不可或缺的。不同的配乐给人的感觉是不同的。而音频素材无须从音频网站中获取，现在各类视频剪辑App就存有大量的音频素材，足以满足创作者日常所需。

6.1.2 手机拍摄必备工具

完成素材搜集、文案创作后，接下来就要进入视频拍摄环节了。在拍摄时，除了一部手机外，还需要其他辅助工具，例如收音器、平衡仪、拍摄支架、补光灯等。

（1）收音器

收音器主要用于收集声音，如图6-4所示。利用手机话筒录制，其效果远远不如专业的收音设备。此外，利用收音设备录制的声音是可以经过专业的设计和处理的，例如降低背景噪声，让收录的声音更清晰。

无线麦克风

领夹式无线麦克风

图6-4

（2）手持平衡仪

利用手机拍摄视频时，屏幕抖动是无法避免的。特别是拍摄户外运动场景时，这种现象更为明显。而一个好的手持平衡仪，能够稳固屏幕，提高视频拍摄的质量。此外，利用手持平衡仪的多种拍摄模式，可制作出各种酷炫的拍摄效果，如图6-5所示。

图6-5

（3）拍摄支架

拍摄支架是不可缺少的，应根据拍摄场景的不同，选择不同规格的拍摄支架。通常支架的规格从0.8米到1.2米不等。对于远距离的拍摄，建议选择带蓝牙遥控设备的支架，以方便创作者操控拍摄节奏，如图6-6所示。

图6-6

（4）补光灯

在补光灯下拍摄，会让人像精神显得更为饱满，让食物显得美味诱人。补光灯很适合微距离拍摄用，通常与拍摄支架搭配使用，如图6-7所示。

图6-7

6.1.3 视频拍摄技巧

在拍摄过程中，灵活地运用一些拍摄技巧，会有效提升视频质量。

（1）构图方式

如果整个视频只有一个镜头，即使镜头再美，也会让人产生视觉疲劳。适当地切换画面，选择合适的构图方式，会让视频的画面感更为舒适。

①对称式构图　对称式构图主要以一条对称轴或中心点进行对称布局，画面的对称元素，无论是形态、大小还是位置排列，都有着一一对应的关系，从而产生对称美，如图6-8所示。这种构图有一定的局限性，不是所有拍摄都能采用这种构图。

图6-8

②引导式构图　该构图方式利用线条作为引导，将观众视线聚焦到一点上，让画面停留在某个人物或物体上。这种构图方式比较适合远距离拍摄。引导线可以是直线、曲线、斜线等，如图 6-9 所示。

图6-9

129

③填满式构图　该构图方式是将物体填满整个画面，使其成为画面的主体，物体细节清晰可见，如图6-10所示。

图6-10

（2）运镜方式

在拍摄视频时，加入合适的运镜技巧，会让视频看起来更加流畅、舒适。

①推式运镜　推式运镜是拍摄对象不动，镜头由远及近，从整体到局部，慢慢推进至拍摄对象，比如一些特写镜头的展示。

②拉式运镜　该方式与推式运镜相反，镜头由近及远，从局部到整体，慢慢离开拍摄对象，取景范围越来越大。

③环绕式运镜　该方式以拍摄对象为中心，镜头环绕拍摄对象一周进行拍摄，有效地强调了主体物的存在感。

④低角度拍摄　以贴近地面的视角进行拍摄，例如以宠物视角来展示画面，如图6-11所示。该方式具有强烈的空间感。

图6-11

⑤移动跟随　该方式是将镜头跟随拍摄对象一起移动，以第一视角的画面拍摄，会给观众呈现出强烈的代入感。这种方式需注意，镜头要确保与拍摄对象移动同步。

6.1.4　视频后期剪辑工具

视频拍摄完成后，为了使视频画面更出彩，需对视频进行后期剪辑加工。目前，视频后期剪辑App有很多，常用的有剪映、秒剪、字说等。

（1）剪映

剪映是抖音官方推出的一款剪辑软件。它的剪辑功能比较全面，支持变速、多样滤镜和美颜效果。丰富的资源库，为广大视频爱好者的创作提供了无限可能。它支持手机、电脑、Pad等多种平台，如图6-12所示。

（2）秒剪

秒剪是微信视频号官方推出的一款剪辑软件，与剪映的不同之处在于，它默认的图像比例（6：7）与视频号最大尺寸相吻合。用户在导出视频时，只需按照最佳尺寸发布即可，可以说它是为视频号量身打造的剪辑软件，如图6-13所示。

（3）字说

字说是一款文字动画视频制作工具。在软件中输入一段文字或添加一段语音后，系统会自动识别其内容，并结合视频模板生成一段可直接在社交平台发布的文字动画。对那些不想真人出镜的创作者来说，这是一款不错的剪辑工具，如图6-14所示。

图6-12

图6-13

图6-14

6.2 手机自带的剪辑工具

手机自带的视频剪辑工具可以对视频进行基本处理，例如删除多余视频内容、为视频添加滤镜、为视频添加配乐、为视频添加文字水印等。

6.2.1 对视频内容进行剪辑

在手机相册中选择要修剪的视频，并在屏幕下方工具栏中单击"剪辑"按钮，进入编辑界面，如图6-15所示。再次单击"剪辑"按钮可进入剪辑状态，如图6-16所示。单击"自动剪辑"按钮，系统会自动识别并过滤不理想的视频画面，如图6-17所示。

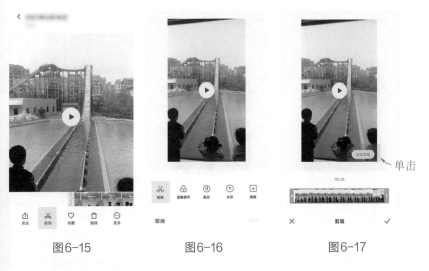

单击

图6-15　　　　　　　图6-16　　　　　　　图6-17

如果自动剪辑效果不理想，那么用户可在时间轴中拖动左右两侧滑块来修剪视频内容。

单击播放按钮查看剪辑效果，确认无误后，单击"√"按钮完成剪辑，如图6-18所示。

(!) 注意事项：

两个剪辑滑块中间的区域将会保留，滑块之外的区域将剪去，所以这种剪辑模式只能对视频去首去尾，无法去除视频中某一帧的内容。

拖动滑块

图6-18

6.2.2　为视频添加滤镜效果

在视频剪辑界面中，单击"滤镜调节"按钮，可为当前视频添加各种滤镜效果。小米手机预设了8套滤镜效果，用户可直接套用，如图6-19所示。

图6-19

选择"调节"选项,可调节视频画面的"亮度""锐化""对比度""饱和度"和"晕影"效果,如图6-20所示。

图6-20

6.2.3 为视频添加配乐及文字水印

配乐能够很好地渲染视频效果,相同的视频配上不同的音乐,其呈现出的效果完全不一样。

在视频剪辑界面中，单击"配乐"按钮，可以选择系统内置的配乐，如图6-21所示。如要加载自己设定的配乐素材，只需单击"本地"按钮，选择所需配乐文件即可。

如果需要为视频添加一些注释性的文字，可在视频剪辑界面中单击"水印"按钮，进入水印编辑界面，选择一款水印模板，并选择好水印加载的位置（例如片头、全场、片尾位置）即可，如图6-22所示。

此外，选择"T"图标后，用户可以自定义水印内容，如图6-23所示。

图6-21

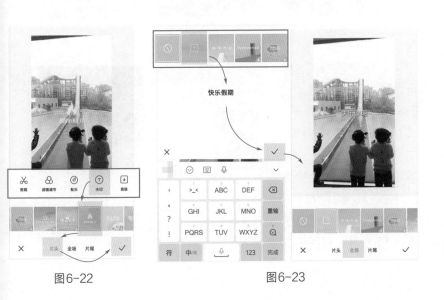

图6-22　　　　图6-23

6.2.4　将图片剪辑为动态视频

将静态图片制作成动态视频，其呈现出的效果比静态图片效果要好很多。如果手机中没有合适的剪辑工具，那么用户可借助微信朋友圈中的"制作视频"功能来操作。

登录微信，切换到朋友圈发布界面，选择要发布的图片，单击界面右下角"制作视频"按钮，单击"完成"按钮，如图6-24所示，进入视频编辑界面。选择好视频模板，如图6-25所示。通过界面上方配乐选项选择好配乐，单击"完成"按钮，如图6-26所示。

　　图6-24　　　　　　　　图6-25　　　　　　　　图6-26

单击"发表"按钮，可发布朋友圈，如图6-27所示。发布后，选择朋友圈中的视频，单击右上角"···"按钮，在打开的设置界面中选择"保存视频"选项即可将视频保存至手机相册中，如图6-28所示。

　　图6-27　　　　　　　　图6-28

6.3 剪映模板一键套用

剪映App是目前较为主流的短视频编辑工具，它操作简单，容易上手，丰富的资源库让广大短视频爱好者能制作出大片级的精彩视频。本小节将介绍如何利用剪映App丰富的模板资源来制作短视频。

6.3.1 一键成片

对于完全没有剪辑技能的用户来说，可以通过"一键成片"功能将拍摄的视频或图像快速生成精彩的视频，让用户拥有满满的成就感。

启动剪映App，进入首页。单击"一键成片"按钮，选取所需的视频或图像，如图6-29所示。单击"下一步"按钮，系统会自动识别视频内容，并套用相应的模板，如图6-30所示。

用户可多试几套模板看看效果，确定后单击"导出"按钮，如图6-31所示，系统会将导出的视频保存在相册，选择该视频即可查看制作效果，如图6-32所示。

图6-29

图6-30　　　　　　图6-31　　　　　　图6-32

6.3.2　剪同款

　　"一键成片"功能中的模板少，可选的余地比较小。如果没有合适的模板，那么用户可使用"剪同款"来修剪视频。"剪同款"功能中收集了很多视频爱好者制作的视频模板，选中同类模板，更改其中相应的内容即可生成视频。下面以制作母亲节视频为例，来介绍具体操作。

　　在首页中单击"剪同款"按钮，进入该界面，如图6-33所示。用户可在界面顶端搜索栏中输入"母亲节模板"字样，以查找同类视频模板，如图6-34所示。在搜索的结果中选中所需模板进行浏览，单击"剪同款"按钮，如图6-35所示。

图6-33　　　　　　图6-34　　　　　　图6-35

系统提示要求导入6段视频或图片素材。用户需单击素材方框，依次添加素材，直到完成所有素材的导入操作，如图6-36所示。

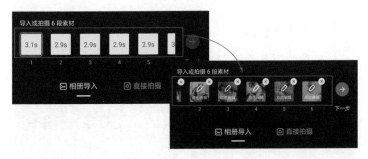

图6-36

素材导入后，单击"下一步"按钮，进入视频预览界面。单击某个素材框，可对当前素材进行更换，如图6-37所示。

单击"文本编辑"按钮，可对模板中的文字内容进行更换，如图6-38所示。

单击界面右上角"导出"按钮，即可生成最终视频，如图6-39所示。

图6-37　　　　图6-38　　　　图6-39

◉ 知识链接：

如果想要将制作的视频分享到抖音平台中，可在"导出成功"界面中单击"分享到抖音"按钮，系统会跳转到用户自己的抖音平台，按照要求输入视频标题及公开方式等信息，然后单击"发布"按钮。

在剪映App中制作视频时，系统会实时进行保存，无须手动保存，不用时用户只需将其界面关闭即可。当下次打开时，在"本地草稿"列表中会显示上一次视频的制作状态，如图6-40所示，打开后可继续制作。

单击视频右下角■按钮，在打开的列表中可对该视频进行重命名或删除等操作，如图6-41所示。

图6-40

图6-41

6.4 用剪映创作视频

对于有剪辑基础的用户来说，剪映App提供了自由创作的空间，大大提升了用户的创作效率。

6.4.1 设置视频封面和片尾

在首页中单击"开始创作"按钮，导入所需的视频或图片素材。这里导入6张图片素材，如图6-42所示。

图6-42

素材导入后，会自动按照前后顺序加载到时间轴中。单击"设置封面"按钮，进入封面设置界面，在此可选择使用"封面模板"和"添加文字"两种方法设置。单击"添加文字"按钮，然后输入封面文字，如图6-43所示。

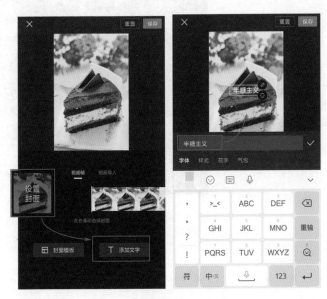

图6-43

选中标题文字，通过"字体""花字"和"气泡"功能对其文字格式进行设置，如图6-44所示。

图6-44

切换到片尾，单击工具栏中的"素材包"按钮，进入模板界面，在此选择"美食"类别，并选择好其中一款片尾模板即可应用于当前视频，如图6-45所示。

至此，视频片头和片尾设置完毕，单击播放按钮，可查看效果。

图6-45

(⊙) 知识链接：

在封面设置界面中选择"相册导入"选项，可从手机相册中导入已有的封面图。

6.4.2　美化视频效果

如当前视频画面比较单调，为了丰富画面效果，可以为其添加动画、特效等元素。

（1）添加动画

选中第1张图片，在下方工具栏中单击"动画"按钮，并选择"入场动画"选项，选择一款合适的入场动画，如图6-46所示，单击"√"按钮即可应用该动画。

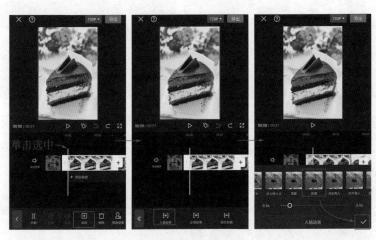

图6-46

按照同样的方法，为其他5张图片分别添加入场动画，如图6-47所示。

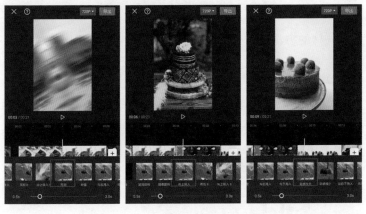

图6-47

143

（2）添加特效

在时间轴中指定好插入点，在工具栏中单击"特效"按钮，进入特效界面，选择"画面特效"选项，选择一款特效，单击"√"按钮，即可应用该特效，如图6-48所示。

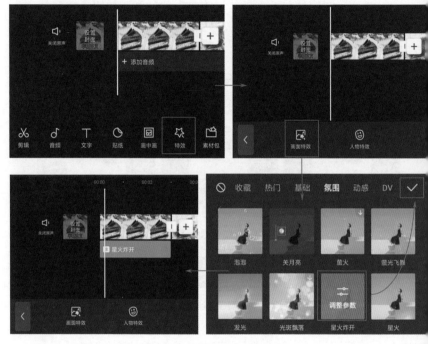

图6-48

按照同样的方法，可以为其他图片添加特效，如图6-49所示。

(⚬⚬⚬) **知识链接：**

如需对添加的特效参数进行调整，选中该特效，在工具栏中单击"调整参数"按钮，即可对其"速度""不透明度"参数进行调整。单击"删除"按钮可删除被选中的特效。

图6-49

6.4.3　为视频添加配乐

　　音乐能够调动人们的情绪，同时也能够渲染视频的氛围。如果视频效果比较平淡，那就试着为它添加配乐吧。

　　进入剪辑界面，在时间轴中单击"添加音频"按钮，或者在工具栏中单击"音频"按钮，根据需要选择音乐种类，这里选择"音乐"选项，进入"添加音乐"界面，如图6-50所示。

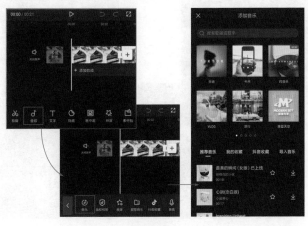

图6-50

根据视频内容，选择一款合适的配乐，单击"使用"按钮即可完成配乐的添加操作，如图6-51所示。

◉ 知识链接：

选中添加的配乐，在工具栏中可对当前配乐进行编辑。例如调整配乐音量、淡化配乐、分割配乐、删除配乐等。

图6-51

6.4.4 为视频添加文字注释

在视频中可以适当地添加文字注释，既起到了解释说明作用，又美化了画面。剪映App内置了大量的文字模板，用户可直接套用，也可自定义文字样式。

在时间轴中选择好文字插入点，单击"文字"→"文字模板"按钮，选择一款合适的模板，单击"√"按钮即可，如图6-52所示。

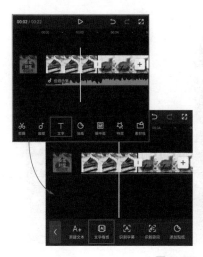

图6-52

在视频画面中，双击添加的文字模板，可对其内容进行更改，如图6-53所示。按照该方法，为其他图片添加文字标注，如图6-54所示。

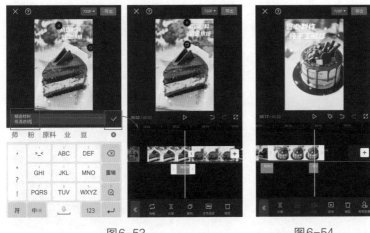

图6-53　　　　　　　　　　　　图6-54

6.4.5　视频的导出与发布

视频制作完成后，单击播放按钮，预览一下视频效果。若无须调整，可单击右上角"导出"按钮导出视频，单击"完成"按钮，将视频保存至相册，如图6-55所示。

图6-55

在剪映里可以将视频直接通过抖音发布。单击"抖音"按钮，随即会启动抖音App，并快速跳转到视频发布界面，如图6-56所示。单击"设置"按钮，可设置浏览权限，如图6-57所示。单击"下一步"按钮，进入发布界面，在此可输入相关信息，单击"发布"按钮即可发布，如图6-58所示。

图6-56　　　　　　　　图6-57　　　　　　　　图6-58

第 7 章

快速记录
有方法

要想提高工作和学习效率，找对方法很重要。思维导图就是一种很有效的方法。它能够活跃大脑，帮助人们理清事情脉络，将复杂的事简单化，让工作和学习都能达到事半功倍的效果。本章将带领读者简单认识一下思维导图，并了解它的绘制方法。

7.1　认识思维导图

　　本小节将带领读者认识一下思维导图，包括什么是思维导图、学习思维导图的好处、思维导图的应用领域、思维导图的种类及绘制术语等。

7.1.1　思维导图的概念

　　思维导图是一种图形思维工具，它帮助人们利用文字、线条、颜色、图像、结构等元素理清思路，塑造更加有序的知识体系，如图7-1所示。

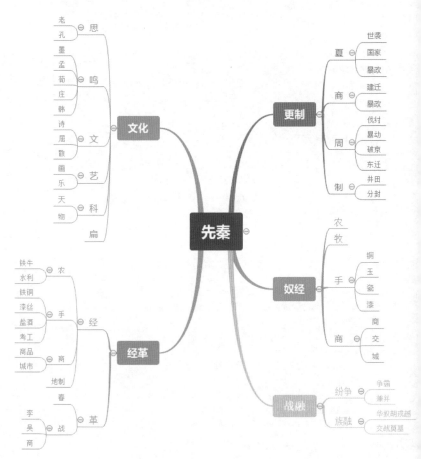

图7-1

每个人都有一套自己固有的思维方式，这种思维方式是由以往累积的经验形成的，而这种方式往往会让自己陷入僵局中。只有打破固有思维，让自己从被动转变为主动，才能打破僵局。

想要突破固有思维有些难，但也是可以做到的。只要利用思维导图来记录自己的每一个思路，看着这些思绪脉络，就能够找出问题的所在，从而打开思路，解决实际问题。

7.1.2 思维导图的优势

与传统的笔记模式相比，绘制思维导图的优势在于以下几个方面。

（1）主动性

传统笔记具有被动性，很多人是为了记录而记录，看似做了笔记，但根本就没有装进大脑，遇到问题时，需要重新翻看笔记。这样反复，只会降低效率。

而思维导图则将被动转变为主动，使人们主动去寻找问题的解决方案，从没有想法到有想法，再到完善想法，做到举一反三，增强自己的竞争力。同时，这也是帮助自己提升记忆的过程。

（2）条理性

人们通过传统笔记只看到问题的局部，无法全面地看问题。

而思维导图则不同，它将各种关联的想法用连接线串联起来，形成一个系统框架，好让人们把控全局，并保持清晰的思路。在思考过程中，想要扩充思路，可以随时添加，不会破坏原有的框架。这也是传统笔记所无法实现的。

（3）伸缩性

从学习的角度来说，思维导图可算是提高学习能力的一大利器。思维导图具有极大的可伸缩性，它顺延了大脑的自然思维模式，并能够将新老知识结合起来。学习是一个由浅入深的过程，人们总是在已有知识的基础上学习新知识。将新知识同化到自己原有的知识结构中，从而建立新老知识间的关联，这是提升学习能力的关键。如图7-2所示。

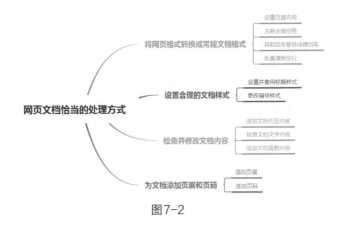

图7-2

（4）活络大脑

大脑越用越灵活，传统记录模式（例如几行字、几句话等）通常只激活人的左脑。而思维导图是由使用颜色、图形和想象力激活的右脑，并结合逻辑思维的左脑共同创造出来的。它在加深记忆的同时，记忆效率也提升了很多。

7.1.3　思维导图的应用领域

思维导图是一种新的思维模式，它的应用范围非常广。无论是工作、学习还是生活，思维导图都能发挥作用。

（1）工作领域

在工作中，用户可以利用思维导图进行时间管理、商务演讲、商务谈判、项目计划、会议安排、创意开发以及头脑风暴等的记录工作，如图7-3所示。

图7-3

（2）生活领域

在生活中能够利用思维导图进行记录的事务有很多，例如假期出行、生活计划、婚礼筹备、家庭聚餐、房屋装修等，如图7-4所示。

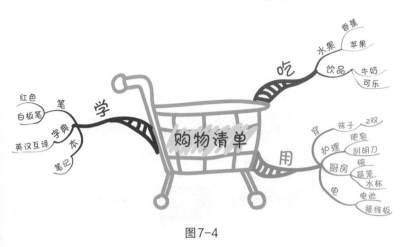

图7-4

（3）学习领域

在学习时，可以利用思维导图将整本书的知识点提炼出来，把主要精力集中在关键知识点上，从而提升理解力和记忆力，如图7-5所示。

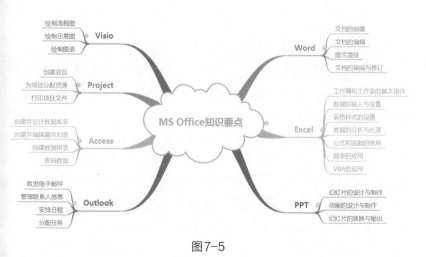

图7-5

153

7.1.4　读懂思维导图

学习思维导图前，先要会读思维导图，可从以下两个方面着手。

（1）思维导图术语

思维导图的术语包含中心主题、分支、父主题、子主题、同级主题等。下面以"项目计划"思维导图为例，来对术语进行简要说明，如图7-6所示。

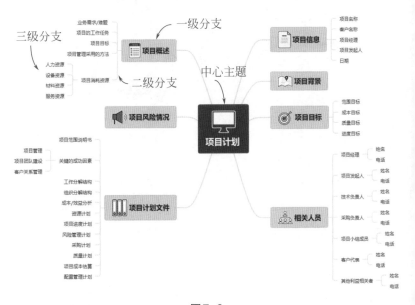

图7-6

中心主题位于思维导图中心点，它是核心内容，例如"项目计划"是思维导图的中心主题。当主节点数量小于或等于3时，中心主题默认位于思维导图的左侧。

分支为中心主题下属模块，最靠近中心主题的分支称为一级分支。例如，项目信息、项目背景、项目目标、相关人员、项目概述、项目风险情况、项目计划文件，均属于一级分支。一级分支的下属模块可称为二级分支；二级分支下属模块为三级分支，以此类推。

父主题和子主题由两个层级相连的节点构成父子关系，如图7-7所示。

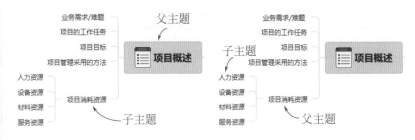

图7-7

同级主题由同一级别的多个节点构成同级关系，如图7-8所示。

（2）读图顺序

在读思维导图时，先读中心主题，然后读各分支内容。

在读分支内容时，通常从右上角45°开始沿顺时针方向，先读父主题，再读子主题，如图7-9所示。

图7-8

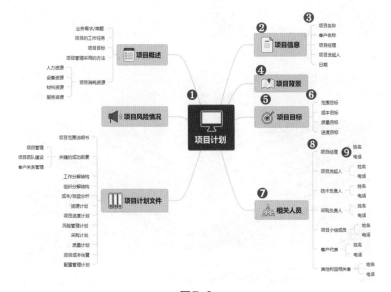

图7-9

7.2　思维导图绘制工具及要领

　　思维导图绘制方法有两种，分别是手绘和软件绘制。在学习绘制前，先了解一下绘制方法，其中包括使用的工具、绘制要领等。

7.2.1　了解思维导图工具

　　手绘思维导图比较省事，几支笔、一张纸，随时随地都能绘制。用软件来绘制思维导图比较严谨，可用于商务场合。

　　（1）手工绘制

　　手工绘制思维导图时，我们只需提前准备好纸张和画笔。

　　纸张的大小可以根据图的大小来选择，一般使用A4尺寸就可以了。纸张类型不限，建议不要选择带底纹或背景图的纸张，最好是空白纸，以防破坏效果，如图7-10所示。

图7-10

　　画笔至少准备三种颜色。根据纸张的大小来选择画笔的粗细，以A3尺寸来说，用细彩色笔、奇异笔和马克笔为佳，如图7-11所示。

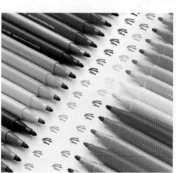

图7-11

我们还可以使用电子手绘板进行绘制，如图7-12所示。在绘图板上手绘，然后将图案传输到电脑中进行后期的加工调整，这样绘制出来的效果也很不错。

（2）软件绘制

市面上有不少思维导图绘制软件，例如MindMaster、XMind、WPS Office等，这几款软件都支持手机端。

MindMaster是由亿图出品的一款在线思维导图绘制软件，提供了丰

图7-12

富的功能和模板，可免费导出多种文本格式。有脑图社区，提供了大量的脑图模板可以参考；可以为脑图内容插入关系线，快速梳理各个主题内容间的关系。如图7-13所示。

XMind是一款国内比较知名的思维导图软件，该软件有Plus/Pro版本，提供了更专业的功能。除了常规的思维导图外，它也提供了树状图、逻辑结构图和鱼骨图，内置有拼写检查、搜索、加密甚至是音频笔记功能，如图7-14所示。

WPS Office除了能够制作各类文字、表格和演示文档外，还能够处理各种图像、思维导图等，是一款综合性较强的办公软件，为职场用户提供了很多便利，如图7-15所示。

图7-13　　　　图7-14　　　　图7-15

7.2.2 思维导图绘制要领

在开始绘制时，用户需注意以下几点，才能让思维导图展示得更完美。

（1）横向布局

尽量将纸张横向摆放，将中心主题摆放在纸张中心，分支内容围绕着中心主题展开，呈放射状。这种布局方式可以聚焦人们的视点。分支布局需考虑均衡，尽量避免出现一边很宽松一边很拥挤的现象。

（2）脉络先粗后细，文字先大后小

中心主题连接至一级分支的连接线称为主脉。一级分支连接到二级、二级分支连接到三级等的连接线称为支脉。通常，主脉较粗，支脉稍细，主脉文字较大，支脉文字稍小，让其有一定的层次感。此外，一条主脉所延伸出来的几条支脉的颜色一定要保持一致。因为颜色不仅起到美化的作用，还有助于提升记忆力，如图7-16所示。

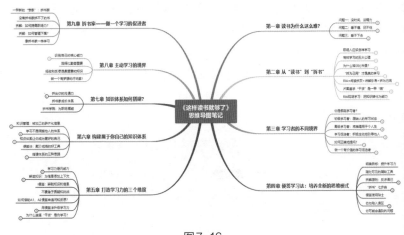

图7-16

（3）主脉上线条不能中断、交叉、重合

同一条主脉上的线条要流畅、连续，不要出现中断的现象。若线条中断，很容易造成思考上的停顿。无论是主脉还是支脉，其线条不能交叉，不能重合。

（4）使用关键词

无论是主脉还是支脉，最好只放一个关键词，这样方便用户联想和记忆。

（5）主要关键词离主题近，次要关键词离主题远

一级分支的关键词，其概念范围比较大；二级分支的关键词所指的是一级关键词中的局部细节；三级分支的关键词则用来补充说明二级关键词。

7.3　开始绘制思维导图

初步了解思维导图概念后，接下来可以开始绘制思维导图了。本小节将以 WPS Office App 为例，来具体介绍思维导图的绘制。

7.3.1　创建思维导图

创建思维导图的方法有两种，分别为利用模板创建文档和新建空白文档。

（1）利用模板创建文档

启动 WPS Office App，进入首页，在屏幕工具栏中单击"应用"→"思维导图"按钮，进入"新建思维导图"界面，如图7-17所示。

图7-17

在该界面中根据需要选择一款免费的模板，并单击"立即使用"按钮，系统会加载并打开模板，如图7-18所示。单击主题内容即可对其进行修改。

（2）新建空白文档

在首页中单击"+"按钮，选择"思维导图"→"新建空白"选项，新建一个空白的文档，如图7-19所示。

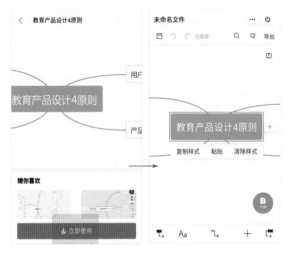

图7-18

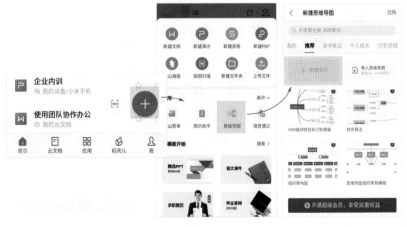

图7-19

单击"未命名文件"中心主题框，可修改中心主题内容，如图7-20所示。

图7-20

中心主题确定好后，接下来绘制一级分支。单击中心主题右侧"+"按钮，可快速创建一个一级分支框，单击该方框，可输入分支内容，如图7-21所示。

图7-21

单击一级分支右侧"+"按钮，可创建二级分支内容，如图7-22所示。

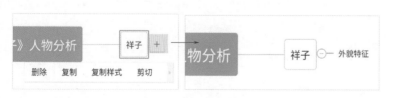

图7-22

选中创建的二级分支，单击工具栏中的""按钮，可创建同级的分支内容，如图7-23所示。

图7-23

接下来按照同样的方法，完成三级、四级分支内容的创建操作，如图7-24所示。

选择中心主题，单击右侧"+"按钮，创建第二个分支，如图7-25所示。按照类似的创建方法，完成所有分支的创建，如图7-26所示。

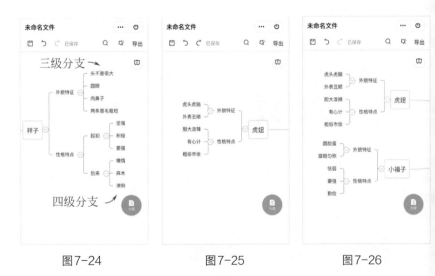

图7-24　　　　　　　图7-25　　　　　　　图7-26

7.3.2 调整思维导图结构

默认情况下，创建的思维导图是以左右结构来呈现的。如果当前结构不太合理，可对它进行调整。

在创建界面中单击"⚙"按钮，在打开的列表中选择"结构"选项，选择合适的结构即可，如图7-27所示。

◉ **知识链接：**

如需修改思维导图的内容，单击右下角"大纲"按钮，在打开的大纲界面中修改即可，如图7-28所示。修改后，单击"脑图"按钮则会返回到思维导图界面。

图7-27   图7-28

选择其中一个分支，例如选择"虎妞"，将其拖至"祥子"后，可调整分支的位置，如图7-29所示。

图7-29

7.3.3 创建自由主题

一张思维导图只能有一个中心主题。在绘制时，有些内容暂时无法确定归纳到哪一个分支时，可先用"自由主题"的模式来创建。

选中"祥子"一级分支，添加一同级分支，并输入这个分支的内容，如图7-30所示。拖动该分支至界面任意处，即可将其设为自由主题，如图7-31所示。

图7-30　　　　　　　　　　　　　　　　　　图7-31

单击自由主题右侧"+"按钮，添加相应的分支内容，如图7-32所示。选中"相关情节"自由主题，单击工具栏中"↰"按钮，指向中心主题《骆驼祥子》人物分析"，绘制连接线，如图7-33所示。选择连接线中的圆圈并拖动，可调整连接线的形态，如图7-34所示。

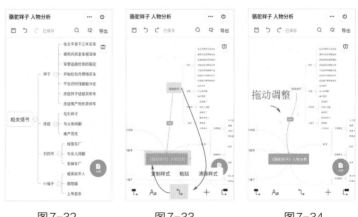

图7-32　　　　　　　图7-33　　　　　　　图7-34

7.3.4　在思维导图中插入图标或图片

　　运用简单的图标或图片，可帮助用户加深印象，提升用户的记忆力。

　　选择中心主题，在工具栏中单击"＋"按钮，在列表中选择"图片"选项，在相册中选择要插入的图片，即可完成中心主题图片的插入操作，如图7-35所示。

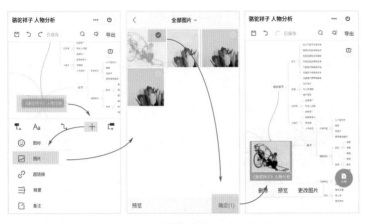

图7-35

　　想要突出某一重点内容，可为其添加图标元素。选择所需内容，单击"＋"按钮，选择"图标"选项，在列表中选择合适的图标元素插入即可，如图7-36所示。

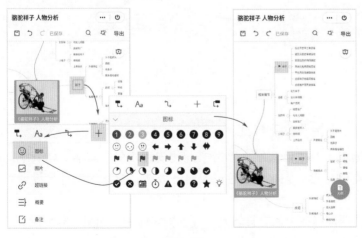

图7-36

7.3.5　调整思维导图样式

软件中思维导图的默认样式比较单调，用户可以对其样式进行更改，例如更改主题样式、更改文字样式等。

（1）更改主题样式

选择中心主题，单击屏幕上方"♺"按钮，打开主题列表，在此可以选择一款免费的主题样式，如图7-37所示。

图7-37

（2）更改文字样式

选中中心主题文字，单击"Aa"按钮，在"文本"列表中，可以对文本的字形、大小、颜色以及对齐方式、背景颜色进行设置，如图7-38所示。

按照同样的方法，设置其他分支文字样式，如图7-39所示。

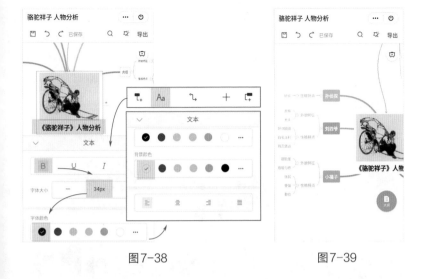

图7-38　　　　　　　　　　　　　　　图7-39

7.3.6　思维导图的输出方式

思维导图绘制完成后，一般需要将它输出为其他常用的文件格式，以方便和他人进行分享。

单击绘图界面右上角"导出"按钮，在打开的导出界面中选择要导出的文件格式，例如选择"JPG图片"格式，单击"标清有水印"→"导出"按钮，选择"保存到相册"，如图7-40所示，稍等片刻，即可完成图片的导出操作，如图7-41所示。

图7-40　　　　　　　　　　　　　图7-41

在 WPS Office App 中绘制的思维导图，可将其生成 PPT 文档。在绘图界面中，单击右上角"💷"按钮，系统会自动识别思维导图内容，并生成一套与之对应的 PPT 模板，单击"保存 PPT"按钮，如图 7-42 所示，可将其转换为 PPT 文档。单击"更换风格"按钮，可更换当前 PPT 版式，如图 7-43 所示。

图 7-42   图 7-43

扫码观看
本章视频

第 **8** 章

一站式体验
掌上办公

企业微信是腾讯微信团队推出的一款用于企业通信与商务办公的管理工具。比起其他的办公软件，企业微信与个人微信的联动是它最大的优势之一，既能高效地维护公司客户，也能够与同事一起协作办公。本章将带领用户体验一下企业微信的相关功能。

8.1 企业微信登录与通信管理

本小节将介绍企业微信的注册登录、通讯录的设置与管理等操作。

8.1.1 注册企业微信

管理员首次登录企业微信时，需要先进行注册，并填写企业相关信息。管理员可在企业微信官网进行注册，也可以利用手机App来注册，二选一即可。

（1）利用官网注册

进入企业微信官方网站，在首页中单击"立即注册"按钮，进入注册界面，按照要求填写企业信息，并勾选"我同意并遵守《腾讯企业微信服务协议》《隐私政策》《红包使用授权协议》"复选框，单击"注册"按钮即可注册，如图8-1所示。

图8-1

知识链接：

同一个微信号或手机号可以创建5个企业微信。一个企业微信号只能对应一个企业微信。目前，企业微信是免费使用的。当然它也有自费项目，例如企业微信认证功能、企业采购接入第三方软件、企业公费化电话话费、微盘扩容等项目。

（2）利用App注册

下载并安装企业微信App后，启动该程序，先利用微信号或手机号进行登录。在"消息"界面中单击左上角"≡"按钮，进入主页界面，选择"全新创建企业"选项，如图8-2所示。

在"选择以下类型全新创建"界面中选择好类型，并在"补充信息全新创建"界面中输入相关信息，单击"创建"按钮即可完成注册，如图8-3所示。

如果是个人组建团队，在"选择以下类型全新创建"界面中选择"个人组建团队"选项，并补充好团队的名称及创建人姓名，单击"完成"按钮即可，如图8-4所示。

图8-2

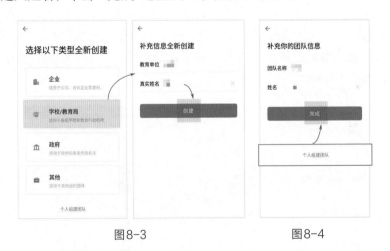

图8-3　　　　　　　　　　图8-4

8.1.2　邀请成员加入企业微信

注册并登录企业微信后，管理员就可邀请成员加入企业微信了。

（1）批量邀请成员加入

管理员登录企业微信后，切换到"工作台"界面，单击"管理企业"按钮，进入该界面，选择"成员加入"→"成员加入二维码"选项，系统会自动生成邀请码，将该码分享给成员即可，如图8-5所示。邀请码有效期为30天。

图8-5

除此之外，管理员还可通过微信好友列表邀请成员加入。切换到"通讯录"界面，单击"添加成员"→"从微信/手机通讯录中添加"按钮，在"微信通讯录"中选择要添加的成员，单击"添加"按钮即可，如图8-6所示。

图8-6

（2）邀请新成员加入

当有新成员要加入企业微信时，管理员要在通讯录中录入该成员的相关信息后方可加入。在"通讯录"界面中单击"添加成员"→"手动输入添加"按钮，进入"添加成员"界面，在此输入新成员的基本信息，单击"保存"按钮，如图8-7所示。

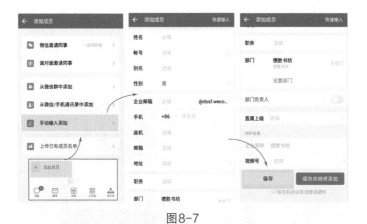

图8-7

新成员在登录时，只需要输入手机号码，即可加入企业微信。

((知识链接：

在录入信息界面中单击右上角"快速输入"按钮后，只需录入新成员的姓名和手机号即可，如图8-8所示。

此外，新成员还可通过扫描邀请码的方式加入。在"添加成员"界面中单击"面对面邀请同事"按钮，系统同样会生成邀请码，新成员识别邀请码后即可加入，如图8-9所示。该方法只能在最新版本中使用。

图8-8   图8-9

第8章 一站式体验掌上办公

173

8.1.3 管理企业通讯录

成员加入企业微信后，管理员可对其进行管理操作，例如新增部门、调整成员所在的部门等。

在"工作台"界面中进入"管理企业"界面，选择"成员与部门管理"选项，进入"管理通讯录"界面，单击"添加子部门"按钮，输入子部门名称，单击"确定"即可，如图8-10所示。

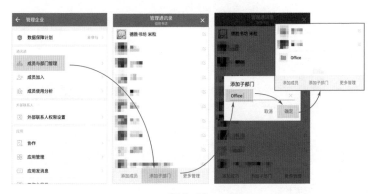

图8-10

在"管理通讯录"界面中单击"更多管理"按钮，在其列表中选择"批量移动成员"选项，勾选所需成员，单击"移动到（＊）"按钮，选择新增的子部门名称，单击"确定"按钮即可，如图8-11所示。

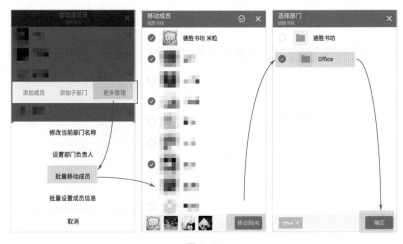

图8-11

8.1.4 添加外部联系人

外部联系人指的是企业客户、学员等非本企业成员。添加外部联系人后，企业成员可以通过单聊或群聊的方式为客户、学员等提供服务。企业微信可以统一维护外部联系人关系。

外部联系人的添加与添加企业成员的方法相似。切换到"通讯录"界面，单击"外部联系人"→"去添加"按钮，在"添加外部联系人"界面中选择好添加的方式，例如选择"搜索手机号添加"选项，如图8-12所示。

图8-12

在搜索界面中输入外部联系人手机号，并单击"添加为联系人"按钮即可，如图8-13所示。外部联系人添加好后，用户即可与其进行有效的交流。

(◎) 知识链接：

用户还可通过推荐外部联系人的方式发起好友添加。切换到个人主页界面，单击右下角"⚙"设置按钮，进入"设置"界面，选择"隐私"选项，开启"向我推荐外部联系人"功能即可。

图8-13

8.2 企业内部管理与设置

企业微信可对企业成员进行统一管理，例如考勤打卡、文件审批、日常商务会议、记录重要事务以及办公协作等。

8.2.1 设置上、下班及外勤打卡规则

切换到"工作台"界面，单击"打卡"→"规则"→"上下班"→"新建规则"按钮，如图8-14所示，进入"新建规则"界面。

图8-14

管理员可根据需求对"打卡人员""打卡时间""打卡位置"以及"加班规则"等常规选项进行设置，设置完成后单击"保存"按钮，如图8-15所示。

在"外出"选项卡中，可根据需求设置外勤打卡的相关规则，如图8-16所示。

图8-15   图8-16

⚠ 注意事项：

只有管理员或创建人才有资格设置或更改规则。

8.2.2 查看并输出打卡记录

管理员可以随时查看成员的打卡记录。在"打卡"界面中单击"统计"按钮，进入"统计"界面，在"团队统计"选项卡中，可查看到所有成员的打卡记录，包括"迟到""早退""缺卡"的人数统计，单击任意统计数字，可查看统计明细，如图8-17所示。

图8-17

单击"查看月报"按钮，可查看每个月的打卡情况，如图8-18所示。单击"导出报表"按钮，可将当前月的打卡记录输出成".xlsx"文件，如图8-19所示。

图8-18

图8-19

8.2.3　文件申请与审批

成员可在企业微信中通过"审批"功能，向上级提交各类申请文件，例如请假申请、报销申请、费用申请、出差申请等。在"工作台"界面中选择"审批"选项即可进入文件申请界面，如图8-20所示。

图8-20

通过下方工具栏可以查看所有"我审批的"和"已提交"的申请文件，如图8-21所示。

在"新申请"界面中，成员可以根据需求选择申请类型。例如选择"加班"申请，进入"加班"界面，在此输入加班事由、加班时长等信息，并选择好审批人，单击"提交"按钮即可，如图8-22所示。

图8-21

在打开的"加班详情"界面中，用户可单击"联系审批人"按钮，将审批文件以消息的形式发送给审批人，如图8-23所示。

图8-22   图8-23

审批人收到信息后，在"待处理"选项卡中会显示出需审批的加班文件。单击该文件可查看内容明细。如申请合理，则单击"同意"按钮，完成审批操作，如图8-24所示。如申请不合理，则单击"驳回"按钮，驳回申请文件。

图8-24

🎯 知识链接：

在"新申请"界面中，如果没有适合的申请类型，可单击"模板"→"添加模板"→"从推荐模板添加"按钮，进入"添加模板"界面，在此选择适合的模板。

8.2.4　启用线上会议

　　线上会议是指两个或两个以上地点的成员通过网络进行的会议，解决了成员因在不同地点而无法参会的问题。

　　单击"消息"界面右上角"会议"按钮，进入"会议"界面，单击"快速会议"按钮发起会议，如图8-25所示。

图8-25

　　在会议界面中单击"添加参与人"按钮，可选择要参会的成员，如图8-26所示。选择好后，系统会将会议邀请发送给对方，对方接受邀请后即可加入会议。单击"更多"按钮可开启其他会议功能，例如邀请参与人、会议分享、云录制等，如图8-27所示。单击右上角"结束"按钮可结束会议，如图8-28所示。

图8-26　　　　　　图8-27　　　　　　图8-28

在"历史会议"列表中可查看所有会议记录，如图8-29所示。

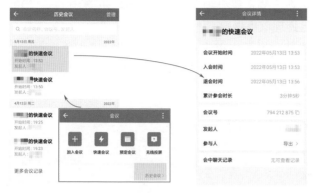

图8-29

在会议过程中，如果有成员要加入会议，只需在"会议"界面中单击"加入会议"按钮，选择好会议码，单击"加入会议"按钮即可，如图8-30所示。

图8-30

知识链接：

在"会议"界面中单击"预定会议"按钮，打开会议预定界面。管理员可在此设定会议日程信息，单击"保存"按钮保存。系统会自动在设定的时间提醒参会成员加入会议。

8.2.5　创建待办事项

如果遇到一些重要事项无法及时处理，可将其设为"待办"，以方便提醒自己处理该事项。

在"消息"界面中单击"日程"按钮，进入"日程"界面，单击"待办"按钮，进入"待办"创建界面，向下滑动屏幕即可新建待办事项，如图8-31所示。

图8-31

用户可创建待办事项，设定"参与人"和"提醒我"选项，单击"保存"按钮，如图8-32所示。待办事项完成后，勾选该事项即可取消待办提醒，如图8-33所示。

图8-32　　　　　　　　　　　　图8-33

8.2.6 在线协作办公

在企业微信中，成员也可利用"腾讯文档"进行在线协作办公。

切换到"文档"界面，单击右上角"+"按钮，选择"新建表格"选项，进入表格编辑状态，输入表格内容，如图8-34所示。

图8-34

单击界面右上角"☰"按钮，在其列表中可添加编辑人员、设置编辑权限等，如图8-35所示。

图8-35

知识链接：

单击"文档"界面右上角"+"按钮，在打开的列表中选择"更多"选项，单击"导入腾讯文档"按钮，可将外部文件导入，如图8-36所示。

新建幻灯片　　新建收集表　　导入腾讯文档

从模板新建 >

图8-36

8.3　教培行业方案设置

企业微信除了以上基本功能外，还可根据各行业的特点，量身打造出一套合理的管理方案，例如教育行业、政务行业、教培行业、制造行业、医疗行业等，用户可直接套用相关的方案。本小节将以教培行业为例，来对其方案设置进行简单说明。

8.3.1　学员联系

添加学员的方式与添加成员的方式相同，可以通过识别邀请码添加，也可通过搜索添加。

（1）将外部联系人转换为学员

想将添加的外部联系人转换为学员，可通过以下方法进行操作。切换到"工作台"界面，单击"学员联系"→"添加学员"按钮，进入"添加学员"界面，如图8-37所示。

选择"将其他外部联系人添加为学员"选项，勾选要添加的外部联系人，单击"确认为学员"按钮即可，如图8-38所示。

图8-37　　　　　　　　　　　图8-38

（2）设置欢迎语

在"学员联系"界面中单击"欢迎语"按钮，可设置欢迎语。当添加学员后，学员将会收到欢迎语，如图8-39所示。

图8-39

（3）设置快捷回复

在"学员联系"界面中，单击"快捷回复"按钮，可设置快捷回复信息。若是管理员，可为其他成员设置统一的快捷回复；若是成员，可设置自己的回复信息，如图8-40所示。

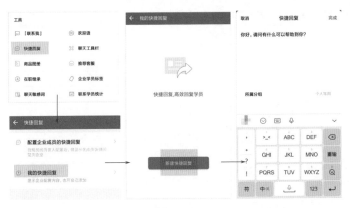

图8-40

(○) **知识链接：**

在"学员联系"界面的"工具"列表中，还有其他辅助工具，用户可根据
需求选择使用。

8.3.2 设置学员群

为了能够与学员们进行有效的沟通，用户可将相关学员创建成群，
以方便分享各类信息。

在"工作台"界面中选择"学员群"选项，可根据需求创建学员
群。在"学员群"界面，单击"创建一个学员群"按钮即可完成群的创
建，如图8-41所示。

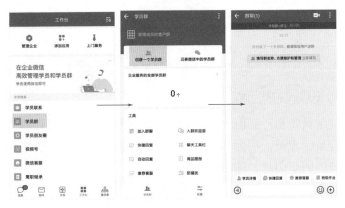

图8-41

单击群界面右上角"⚏"按钮，可对当前群进行设置，其中包括填写群名、添加联系人、群管理等，如图8-42所示。

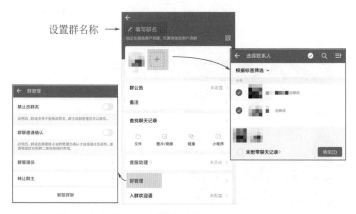

图8-42

8.3.3 教学互动

在"工作台"界面的"教学互动"中，用户可进行"班级作业""课外打卡""上课直播"等操作。

（1）班级作业

在群聊界面中单击下方工具栏中的"班级作业"按钮，进入"班级作业"界面，根据需要选择科目类型。选择"其他科目"→"添加科目"选项，可新增所需科目，如图8-43所示。

图8-43

在"选择科目"界面中添加科目，并布置好作业，如图8-44所示。

作业布置好后，群中的学员将会接收到作业信息，单击作业信息，可查看作业内容，单击"我要交作业"按钮，可提交作业，如图8-45所示。

图8-44

图8-45

学员提交作业后，管理员可对其作业进行点评，如图8-46所示。

图8-46

（2）课外打卡

在群聊界面工具栏中单击"课外打卡"按钮，选择打卡内容，可创建学员课外打卡功能。单击"发布"按钮，可将打卡内容发送给群内学员，如图8-47所示。

群内学员接收到打卡信息后，即可进行打卡操作，如图8-48所示。

图8-47

图8-48

（3）上课直播

在学习过程中，如需开启直播课，可在群聊界面工具栏中单击"上课直播"按钮，根据需要选择直播课的三种方式之一，例如选择"通用直播"方式。接下来选择好直播时间，如选择"预约直播"选项，可预先设置好直播信息，系统会生成直播预告发布在群内，通知群内学员观看，如图8-49所示。

图8-49

当学员收到信息后，即可预约观看。系统会在直播前15分钟提醒学员加入。若管理员选择"立即直播"，学员在群内单击直播信息即可观看。